葡萄生产问题一语道破

雷世俊　王翠红　赵兰英　编著

中国农业出版社

作 者 名 单

雷世俊（潍坊职业学院）
王翠红（山东省昌乐经济技术开发区管委会）
赵兰英（潍坊职业学院）

目 录

一、葡萄育苗技术

（一）葡萄育苗关键技术

1. 葡萄硬枝扦插育苗的关键技术有哪些？

葡萄硬枝扦插育苗的操作过程是：枝条采集—枝条贮藏—枝条处理—插条催根—整地作畦—扦插—插后管理—苗木出圃。

（1）枝条采集

所谓插条就是用于扦插育苗的葡萄枝条。硬枝扦插首先要有插条，插条采集一般结合休眠期修剪进行。选择品种纯正、植株生长健壮、无病虫害的优质丰产植株，选取芽眼饱满、枝条充分成熟的一年生枝，粗度一般在 0.8 厘米以上。采集的枝条按品种、粗度分置，剪截成 50～100 厘米长，50～100 根捆成 1 捆，用 50%的百菌清 600 倍液进行人工喷洒杀菌。拴挂标签，注明品种、数量和采集日期。

（2）枝条贮藏

插条的保存，一般采用室外沟藏、室内沙藏或窖内贮藏。

• 露天沟藏。选择地势稍高，背风向阳处挖贮藏沟，沟宽、深各 1 米，长依枝条多少而定，能够放入为准。枝条在贮藏沟内要与湿沙分层相间摆放。先在沟底铺厚 10 厘米左右的湿沙，然后将枝条一捆一捆地摆好一层，上面覆盖一层湿沙，再放一层枝条，再覆盖一层湿沙，如此铺放到顶，最上面盖 20～40 厘米的土防寒。贮藏期间，自然条件下一般不会出什么问题，但要注意检查温度与湿度，防止受冻和霉烂。

• 室内沙藏。室内沙藏冬天室内温度应保持在－5℃以上。沙藏前，提前1周用0.3%～0.5%的高锰酸钾溶液对河沙消毒，并用清水浇透，沙床厚度一般要求为1.5米。河沙攥到手里松开后略有松散时，即可以进行沙藏。在沙床上挖深1～1.2米，宽0.5米的沟，把捆好的插条依次直立放入，注意每捆之间保持5厘米距离，放好后，用挖出的湿沙进行填埋，插条上部覆盖细砂厚度为20厘米。每隔1个多月，根据沙床的湿度进行适当的补水。

(3) 枝条处理

露地硬枝扦插育苗，扦插前的3月中、下旬将贮藏的枝条取出。将枝条剪成1～3个芽的枝段，这就是插条。一般是剪成2个芽的枝段，剪成1个芽的扦插叫单芽扦插。插条剪的时候，上端在顶芽以上留2厘米左右平口剪，下端在下芽以下1厘米左右斜口剪。单芽扦插每个插条留1个芽，芽眼以上留1～2厘米平口剪，以下留7厘米左右斜口剪截，剪后的插条每50或100根捆成一捆，放入清水中浸泡24～48小时，使其充分吸水，浸泡后轻压插穗剪口，有水渗出即可。浸泡后的插条取出控水30分钟，平铺在塑料布上，喷洒多菌灵800倍液或1～5波美度石硫合剂进行灭菌。然后进行扦插，或先进行催根处理后在扦插。

(4) 插条催根

虽然葡萄枝条具有生根的特点，但为了早生根、快生根、多生根，提高成活率和苗木质量，育苗时最好先进行催根。在生产中经常采用的插条催根方法有多种，主要有药剂处理和加热处理。药剂包括植物生长调节剂和化学药剂，植物生长调节剂有增强插条呼吸作用，提高酶的活性，促进分生组织细胞分裂的作用，常用的植物生长调节剂，生长素有液剂和粉剂，如2，4-D、α-萘乙酸（NAA）、β-吲哚丁酸（IBA）、β-吲哚乙酸

(IAA)、ABT 生根粉等；化学药剂有高锰酸钾、硼酸等。药剂处理与加热处理相结合，催根效果好。有些营养物质如蔗糖、果糖、葡萄糖、维生素 B_{12} 等，与植物生长调节剂配合使用，对促进生根亦有效果。由于我国的气候多样、地形复杂，不同的地方有不同繁育的特点，可以根据实际情况选用适宜的方法。

- 植物生长调节剂催根

ABT 生根粉催根。ABT 生根粉是中国林业科学院研制成功的专利产品，它是由多种植物激素和微量元素制成的，具有促进木本植物扦插生根和作物种子发芽生根的功能。ABT 生根粉现有 3 种型号的产品，1 号粉对很难生根的木本植物能起到促进生根的作用；2 号粉对易生根的木本植物（如葡萄）能提高扦插发根成活率；3 号粉对有根苗木的移植能促进快速形成新根。使用浓度为 50 毫克/升，浸泡插条基部 4～8 小时。有试验表明，采用双芽、珍珠岩做基质，ABT2 号生根粉 1 克/千克速蘸 5～10 秒钟，催根 15～20 天效果最好。

萘乙酸催根。萘乙酸（NAA）或萘乙酸钠，既能促进葡萄生根，但又抑制葡萄芽的萌发，使用时一定要使插条直立于溶液中，浸泡插条基部 3～4 厘米即可，顶部芽不可沾药。使用浓度为 100 毫克/升，浸泡 8～12 小时。

吲哚丁酸催根。吲哚丁酸（IBA）具有强烈刺激葡萄插条生根的作用，但不如使用萘乙酸经济。方法是将插条基部浸在 25 毫克/升浓度药液中 8～12 小时。

上述植物生长调节剂，都不易溶于水，配制药液时需先用少量酒精或白酒把药粉溶解，然后加清水稀释至使用浓度。浸泡插条时，把配好的药液放在平底盆或池内，可选一块平地铺上塑料薄膜，四周砌砖，做成药池，把配制好的溶液倒入，药液在盆或池内的深度约 3～4 厘米。将插条一捆一捆的直立于盆或池内，使插条基部浸于药液中。1 米^2 池面可处理 5000～6000 根种条。按照上述不同药剂、不同浓度所需浸泡的时间操作，一般当插条髓心出水后即可结束。最后将插条取出，用清水冲洗掉插条表面的药剂即可扦插。

• 电热加温催根。在大棚、室内等处建温床，床高40～60厘米，长3米，宽1.5米，床底部铺设厚5～10厘米的草垫或谷糠、木屑等，防止散热。在草垫层上铺10厘米厚沙，整平拍实。沙上铺电加热线（图1-1），一般在床两头和中间横向各放置一条木板，木板上每间隔5厘米，钉一个3厘米钉，电加温线由钉子间隔来回相间排列，铺设均匀。根据育苗数量选用不同规格电热线，2千瓦电热线（80米长、配备有控温仪），可铺设4米^{2}左右的床面。再在加温线上平铺5厘米厚湿沙，然后将插条整齐地摆放于温床中，并用细沙灌满缝隙，覆沙高度以不超过插条顶芽为宜，一般摆放6000～10000根/米^{2}插条。摆满后浇1次透水，使沙床含水量达60%～70%，即手握成团且指缝有水渗出。并在温床四周及中间分别插入一根竹筒，深至插条基部，以便插放温度计，观察温床温度变化情况，并安装电子控温仪对床温进行自动温度控制。随后即可通电升温，进入催根期管理。通电加温1周以内，温床温度控制在18～20℃，空气温度控制在7～8℃，防止顶芽过早萌发，之后逐渐将温床温度升至20～25℃。湿度控制在80%左右，每天喷洒温水1次，保持插穗外露切口湿润。要经常检查床内湿度，根据湿度情况，7天左右用温水喷洒1次，并结合病害防治，喷多菌灵800倍液1次。一般经13～14天，当根原始体突破皮层长至0.5厘米时，停止通电，降温锻炼2～4天，即可选择萌动露白的插条进行扦插。这样有利于使插条能够同时生根、发芽，避免促根过长在扦插时容易碰断新根，以及扦插后顶芽不能萌发而造成扦插成活率不高的问题。扦插时将生根不理想或顶芽不饱满、没有萌动的插条整理后重新放入温床继续进行催根。有人少量插条用养乌龟、鱼的加热棒加温，道理是一样的，以后干时洒水，避免沙床缺水。

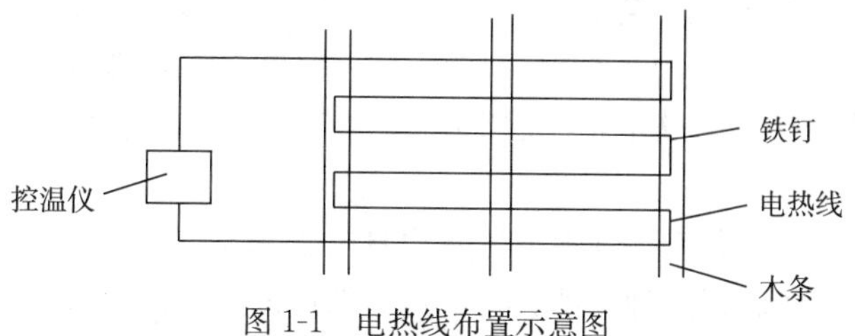

图 1-1　电热线布置示意图

• 火炕加温催根。火炕长 2～4 米，宽 1.5 米左右，火和热烟通过向上倾斜的主烟道进入由砖砌成的上层烟道，上层烟道以上有 60 厘米左右厚的土，以便炕面温度均匀。在炕上均匀铺上 3～5 厘米厚的湿沙，将插条直立排列整齐排列在湿沙上，基部在同一平面，插条之间撒入湿沙或湿锯末，以填充插条间的空隙，厚度以埋住插条长度的 1/2 或 2/3 为宜，插条上部芽眼不可接触湿沙或锯末，而应与冷空气接触，以防止插条上部的芽眼萌发。炕面插上温度计，观察温度。一切准备好后就可以点火烧炕。8～10 小时后当插条下端土温上升到 25℃时，马上停火，封住火门和出烟口。此时炕温还要上升 4～5℃。当炕温超过 30℃时可以洒水降温；当温度降到 20℃时，再继续烧炕，使炕温保持在 20～30℃之间。这样经过 15～20 天即可看到插条基部形成一圈白色愈合组织，皮层局部开裂，幼根从中柱稍突破开始微露于皮外；顶端芽开始膨大但尚未露绿。这时已经达到催根目的，应停止加温，让插条在炕上锻炼 2～4 天，然后进行露地扦插。

• 温床加温催根。早春，选向阳背风处修建南低北高（高差约 40 厘米）的温床，床宽 1.2～1.5 米，深 0.6 米，长可视插条及地段情况而定。按 1∶1 的比例一层新鲜马粪，一层玉米秸，各 5 厘米厚，共 4 层，浇水踏实，在上面覆 3～5 厘米厚的细沙或砂壤土。这样马粪开始发酵散热，2 天后温度可升到60～70℃，要浇水降温，等温度稳定在 20～25℃时，将插条立放于床内，插条间的空隙用温沙土填满，插条的顶芽要露在土外，利用早春空气低温来抑制芽眼萌发。要注意晴天遮荫，防冻防寒，床面干燥时喷水，经过15～20天就可以形成愈伤组织或形成幼根。

• 日光温室倒催根。在葡萄日光温室内，选用纯的细沙，用0.5%的高锰酸钾溶液进行消毒，然后浇透水。插条先用吲哚丁酸（IBA）处理。在温室中每隔20厘米，做宽1米，长5～6米，深40厘米的催根沙床，沙床底部铺上厚度为10厘米的细沙，把插条倒立依次摆入沙床，每捆之间留2～3厘米的间距。摆好后用细沙填埋，插条上端覆盖厚度为10厘米。温室内白天气温控制在30～32℃，晚上温度保持在15℃以上，沙床细沙10厘米处温度白天控制在25～28℃，晚上温度保持在10～15℃。温室内相对湿度控制在50%～60%，沙床相对湿度控制在60%～70%。一般沙床每周用25℃的清水喷洒1次，每平方米用水500毫升。插条一般20～25天就会生出细小白根。

(5) 整地作畦

扦插前必须细致整地。施足基肥，喷撒防治病虫的药剂，深耕细耙。根据地势作成高畦或平畦，畦宽1米，扦插2～3行，株距15厘米。土壤黏重，湿度大可以起垄扦插，70厘米1条垄，在垄上双行带状扦插，行距30厘米，株距15厘米，每666.7米^{2}扦插1万根左右。

(6) 扦插

露地硬枝扦插时间应在春季发芽前进行，以15～20厘米土层温度达10℃以上为宜。

扦插方式有直插和斜插，单芽和较短插条直插，多芽和较长插条斜插。

• 催根处理的插条扦插。插条已经有根，扦插相当于移栽。扦插时，按行距开沟，将插条倾斜或直立按株距放入土中，顶

端侧芽向上，填土压实，上芽与地面持平或稍高于地面，浇水。为防止干旱对插条产生的不良影响，在床面覆盖地膜，将顶芽露在膜上，以保墒增温，促进成活。

• 没有催根处理插条扦插。畦或垄覆盖地膜，按照株行距将插条破膜插入土壤，顶芽露在地膜之上，浇水。覆盖地膜地温提升快，又保墒，有利于插条生根，促进成活。

传统的做法是，按行距开沟将插条倾斜摆放，或直接插入土中，顶端侧芽向上，填土踏实，上芽与地面持平。为防止干旱对插条产生的不良影响，插后培土 2 厘米左右，覆盖顶芽，芽萌发时扒开覆土（图 1-2）。

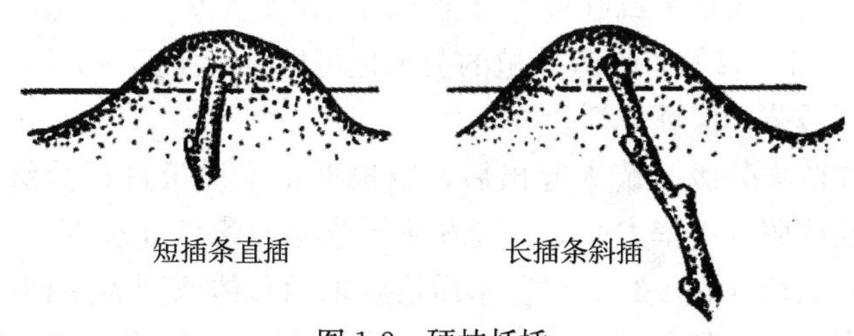

图 1-2　硬枝扦插

(7) 插后管理

发芽前要保持一定的温度和湿度。土壤缺墒时，适当灌水，但不宜频繁灌溉，以免降低地温，通气不良，影响生根。灌溉或下雨后，应及时松土、除草，防止土壤板结，减少养分和水分消耗。成活后一般只保留 1 个新梢，其余芽抹去。生长期土壤追肥 1～2 次，进行多次叶面喷肥，注意防治病虫，促进幼苗旺盛生长。新梢长到一定高度进行摘心，使其充实，提高苗木质量。

(8) 苗木出圃

苗木出圃的操作程序包括：起苗—苗木分级和修剪—苗木检疫和消毒—贮苗—苗木包装。

①起苗。起苗时间在秋季落叶后至春季萌芽前的休眠期内均可进行，最好根据栽植时期而定。秋季栽植，从苗木停止生长后至土壤结冻前起苗。春栽苗木，在土壤解冻后至苗木发芽前起苗。就近栽植的苗木，最好随起随栽。落叶前起苗，应先将叶片摘除，防止失水抽干。土壤过干时应浇水后起苗。避免在大风、干燥、霜冻和雨天起苗。

• 裸根苗。葡萄苗木休眠期起苗一般不带土，为裸根苗。起苗应在苗木两侧距离 20 厘米以外处下锹，将苗木周围土壤刨松，切断根系，起出苗木，抖落泥土。起苗时应避免对地上部分枝干造成机械损伤，使苗木完好。挖出的苗木应集中放在阴凉处，用浸水草帘或麻袋等覆盖，以免苗木失水。

• 带土移植。就近栽植的苗木也可以带土搬家，立即定植，这样不缓苗，保证成活。

②苗木分级。苗木起出后，应根据苗木质量进行分级。分级标准按照《中华人民共和国农业行业标准葡萄苗木 NY 469—2001》执行（表 1-1）。对苗木质量要求的总体原则为品种纯正，苗干充实，芽体饱满，高度适宜，根系发达，须根较多，无严重的病虫危害及机械损伤。对不合格的苗木，应留圃重新培育，达到标准后方可出圃。无培养价值的劣质苗木，应作消毁处理。在分级过程中，要严防品种混杂，避免风吹、日晒或受冻。

表 1-1　葡萄自根苗质量标准

项　目		级　别		
		一级	二级	三级
品种纯度		≥98%	≥98%	≥98%
根系	侧根数量	≥5	≥4	≥4
	侧根粗度，厘米	≥0.3	≥0.2	≥0.2
	侧根长度，厘米	≥20	≥15	≤15
	侧根分布	均匀 舒展	均匀 舒展	均匀 舒展

（续）

项　　目		级　　别		
		一级	二级	三级
枝干	成熟度	木质化	木质化	木质化
	枝干高度，厘米	20	20	20
	枝干粗度，厘米	≥0.8	≥0.6	≥0.5
根皮与枝皮		无新鲜损伤	无新鲜损伤	无新鲜损伤
芽眼数		≥5	≥5	≥5
病虫危害情况		无检疫对象	无检疫对象	无检疫对象

③苗木修剪。结合分级进行修苗。剪去病虫根、过长或畸形根，主根一般截留20厘米左右。受伤的粗根应修剪平滑，缩小伤面，且使剪口面向下，以利根系愈合生长。地上部病虫枝、残桩和砧木上的萌蘖等，应全部剪除。

④苗木检疫。植物检疫是通过法律、行政和技术的手段，防止危险性植物病、虫、杂草和其他有害生物的人为传播，保障农林业的安全，促进贸易发展的措施，危险性植物病、虫、杂草和其他有害生物叫检疫对象。我国葡萄的检疫对象有葡萄根瘤蚜等。苗木检疫是防止病虫害传播的有效措施，对果树新发展地区尤为重要。凡是检疫对象应严格控制，不使蔓延，做到疫区不送出，新区不引进；育苗期间发现，立即挖出烧毁，并进行土壤消毒；挖苗前进行田间检疫，调运苗木要严格检疫手续，发现此类苗木应就地烧毁；包装前，应经国家检疫机关或指定的专业人员检疫，发给检疫证。

⑤苗木消毒。除严格控制检疫性病虫害传播外，一般性病虫害也应防止传播。因此，出圃苗木应进行消毒处理。

一是杀菌处理，消毒杀菌可用3～5波美度石硫合剂溶液，或1∶1∶100倍波尔多液浸苗10～20分钟，再用清水冲洗根部。

二是灭虫处理，杀灭害虫可用氰酸气或溴化甲烷熏蒸。操作方法是，在密闭的房间或箱内，每 100 米^{3}容积用氰酸钾 30 克，硫酸 45 克，水 90 毫升，熏蒸 1 小时。熏蒸前关好门窗，先将硫酸倒入水中，然后再将氰酸钾倒入，人员立即撤出，严密封闭。熏蒸完毕将门窗打开，待氰酸气完全散发之后，方能进入室内取苗。溴化甲烷可直接使用，一般 1 米^{3}用量 60 克，熏蒸 4 小时。氰酸气、溴化甲烷属剧毒药品，使用时要注意安全。

⑥苗木贮存。苗木在贮存期间不能受冻、失水、霉变。

⑦包装运输。远途运苗，在运输前应用麻袋、尼龙编织袋、纸箱等材料包装苗木。每捆 20 株。包内要填充保湿材料，以防失水，并包以塑料膜。每包装单位应附有苗木标签，以便识别。

苗木出圃应随有苗木生产许可证、苗木标签（图 1-3）和苗木质量检验证书（图 1-4）。

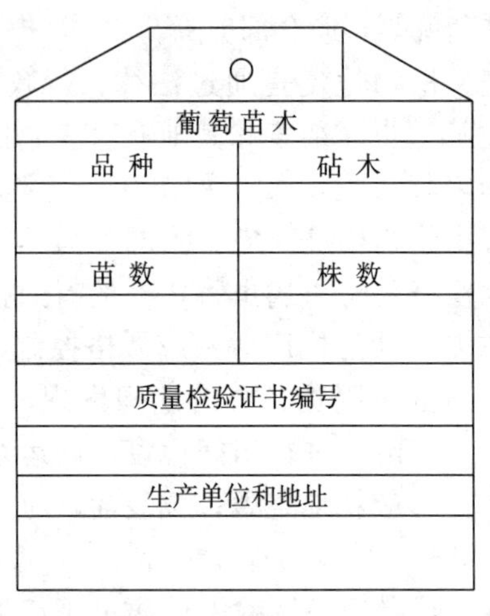

葡萄苗木	
品 种	砧 木
苗 数	株 数
质量检验证书编号	
生产单位和地址	

图 1-3　葡萄苗木标签

2. 温室葡萄硬枝扦插育苗的关键技术有哪些?

葡萄温室硬枝扦插育苗的操作过程是：枝条采集—枝条贮

葡萄苗木质量检验证书存根

编号：________

品种/砧木：____

株数：__________ 其中：一级：_____ 二级：______ 三级：______

起苗木日期：________ 包装日期：_______ 发苗日期：__________

育苗单位：____________ 用苗单位：________________________

检验单位：__________ 检验人：_________ 签证日期：__________

葡萄苗木质量检验证书

编号：________

品种/砧木：____

株数：__________ 其中：一级：_____ 二级：______ 三级：______

起苗木日期：________ 包装日期：_______ 发苗日期：__________

品种来源：____________ 砧木来源：________________________

育苗单位：____________ 用苗单位：________________________

检验意见：____

检验单位：__________ 检验人：_________ 签发日期：__________

图 1-4　葡萄苗木质量检验证书

藏—枝条剪截—插条处理—整地作畦—制作营养钵—扦插—插后管理—苗木出圃。同培育葡萄硬枝扦插苗的技术基本是一样的，不同之处主要是利用温室、塑料大棚、营养袋或营养钵等，实现快速育苗。

（1）枝条采集

参见“葡萄硬枝扦插育苗关键技术有哪些？”。

（2）枝条贮藏

参见“葡萄硬枝扦插育苗关键技术有哪些？”。

（3）枝条处理

参见“葡萄硬枝扦插育苗关键技术有哪些？”。

(4) 插条催根

根据苗木出圃的时间，确定育苗时间，一般在春节过后在日光温室内电热加温催根或日光温室倒催根，开始育苗工作。具体方法参见“葡萄硬枝扦插育苗关键技术有哪些?”。

(5) 整地作畦

在温室内做南北向畦，宽1～1.5米，或为温室葡萄行间的距离，长6米，或温室种植地片的宽度。畦埂宽、高均20～30厘米，踩实，以便作业。畦底部铺10厘米粗砂以利渗水。

(6) 制作营养钵

营养钵选用。培育绿苗可用规格适宜的标准营养钵，亦可选用小花盆、纸袋、塑料袋、塑料筒等，其中以营养钵和塑料袋较好，保温保湿，并可远途运输。一般用黑色软塑料袋，高18～20厘米，直径10厘米左右，底部有几个口径0.5厘米的排水孔。

配制营养土。用土、过筛后的细砂及腐熟的厩肥，按沙∶土∶肥＝2∶1∶1比例混合均匀，配成营养土。

营养钵装入营养土。将营养土装入营养钵或塑料袋，把露露杏仁罐等罐口削成斜面，用其装土，提高装土速度。营养钵不要装得过满，上口处留1厘米空间。把装好的营养钵摆放在畦面中。一般1米^{2}可摆300～400个。

(7) 扦插

插条随起随插。插穗应分级挑选进行扦插。已生根、芽眼萌动的插条，插时用木棍竖插1个洞，再轻轻插穗，以防伤根，插后用营养土填充插洞。对没有产生愈伤组织、芽眼未萌动的插穗进行二次催根。对产生愈伤组织、芽眼刚萌动的插穗，进行常规扦插。扦插深度距营养钵底部1厘米以上，插条顶芽与袋内土壤相平。扦插前2天将营养袋与苗床浇1次透水，扦插后再浇1次水，对下陷的袋土应补填营养土，以露出芽眼为宜。

扦插后第二天，全面喷1次多菌灵800倍液进行灭菌。

（8）插后管理

①前期。插后7天内，温室内均匀放置温度计、湿度计，以观察温度、湿度。白天室温25℃，夜间20℃以上，低温易造成插条烂根。每天早晨用温水将苗床喷1遍，保持表土湿润。空气湿度60%～80%。喷洒多菌灵800倍液灭菌防病，5天1次，防治霜霉病、灰霉病等，也可选用科博、甲基托布津等交替用药。

②中期。插后15～40天，插穗开始生根，幼芽萌发，白天室温要求20℃以上，夜间15℃以上。当白天室温超过30℃，应及时通风降温，喷水次数从最初2～3天1次逐步减到5～6天1次，切忌勤浇不透和袋中浸水。10天左右喷1次多菌灵800倍液进行灭菌防病。并及时拔除袋内杂草。

③后期。插后40天到出圃，插穗已大量发根，幼叶生长旺盛，应减少叶面喷水，根据情况可浇水2～3次。为促进苗木生长，叶面施肥1～2次，可喷0.3%尿素+0.3%磷酸二氢钾溶液。后期应严格控水，加强通风，使昼夜通风，锻炼苗木。

（9）苗木出圃

营养袋苗木5月上中旬出圃定植时，应有4～5个完全伸展的叶片，根系布满营养袋，生长健壮。出圃前10天开始扒大风口，通风透光，进行炼苗。出圃要分清品种，按照高度和长势基本一致的定植在一起便于管理。病、残苗单独定植培养或销毁。苗木要用木箱盛放。起苗、搬运和运输过程中要轻拿轻放，注意保护新梢叶片。营养袋苗是带土移植，不缓苗，定植时小心去掉营养袋，防止散坨。

3. 葡萄绿枝扦插育苗的关键技术有哪些?

葡萄绿枝扦插育苗的操作过程是：确定扦插时间—枝条黄

化处理—枝条采集—枝条处理—准备设施—扦插—插后管理—苗木出圃。

(1) 确定扦插时间

绿枝扦插在夏季进行，时机要适宜。扦插过早枝条幼嫩，不易成活；扦插过迟生根不好，遇高温季节成活率低，且发出的新梢生长期短，成熟度差。原则上要保证插活后，当年形成一段发育充实的苗干。一般6～8月进行，新梢生长至5～10节、半木质化有一定的硬度和成熟度时随剪随插。

(2) 枝条黄化处理

扦插前3周对树上计划采剪的新梢，用黑布条、厚纸等包裹，进行黄化处理，可有效防止阳光直射绿枝，利于根原体分化生根。

(3) 枝条采集

选择生长健壮的植株，于早晨或阴天枝条含水量较高时采集，应采当年生尚未木质化或半木质化的粗壮枝条。随采随用，不宜久置。

(4) 枝条处理

将采下的嫩枝剪成2～3节长的枝段。上剪口于芽上1厘米左右处剪截，剪口平滑；下剪口在芽的下方，稍斜或剪平。去掉下部叶片，以利插条与土壤接触，留上部1～2片叶，以便光合作用的进行，制造养分和生长素，保证生根、发芽和生长使用。为减少蒸腾，如果叶片大，可以把每叶剪去1/3至1/2。插条下端用β-吲哚丁酸（IBA）、β-吲哚乙酸（IAA）、ABT生根粉等植物生长调节剂处理，使用浓度一般为5～25毫克/千克，浸12～24小时，以利成活。据试验，半木质化的红地球葡萄枝条用ABT1号生根粉处理，插条基部3～5厘米浸泡8小时，浓度为50毫克/升和75毫克/升时，插条生根率均为100%；浓度为50/升毫克处理的插条根长最大；浓度为75毫克/升处理的插条根鲜重和根量最大。

(5) 准备扦插设施

绿枝扦插宜用河沙、蛭石等通透性能好的材料作基质。搭建遮荫设施，避免强光直射，待插条成活后再撤除。

(6) 扦插

将插条按 10 厘米×15 厘米株行距插入整好的苗床内。一般采用直插，插入基质部分约为穗长的 1/3，宜浅不宜深。插后灌足水，使插条和基质充分接触（图 1-5）。

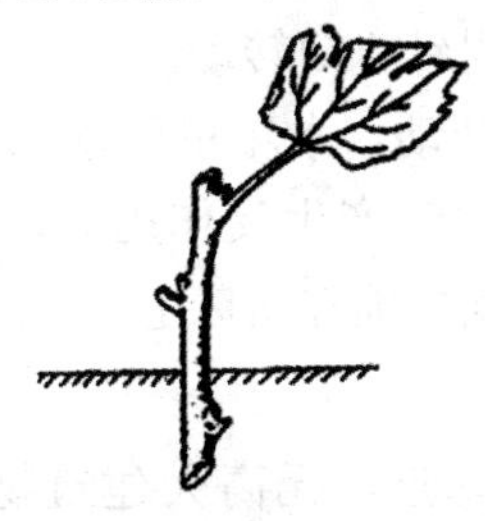

图 1-5 绿枝扦插

(7) 插后管理

扦插后注意光照和湿度的控制，勤喷水或浇水，保持空气湿度达到饱和，勿使叶片萎蔫。

生根后逐渐增加光照，温度过高时喷水降温，及时排除多余水分。另外，同硬枝扦插一样，加强综合管理，注意锻炼，促进新梢成熟。

(8) 苗木出圃

绿枝扦插苗木标准可略低于一般苗木标准（表 1-1），但必须是枝条健壮，根系完整，无病虫为害。

4. 葡萄全光喷雾扦插育苗的关键技术有哪些？

葡萄全光喷雾扦插育苗的关键技术包括：安装设备—建造苗床—确定扦插时间—采集处理扦插新梢—苗床消毒—扦插—

插后管理—移栽—栽后管理—苗木出圃。

（1）安装设备

葡萄全光喷雾扦插育苗利用悬臂式自控全光喷雾设备。设备主要组成部分是：供水箱，体积 2 米^3，用 3 毫米铁板焊成；喷雾动力，为 0.75 千瓦离心式水泵；自控仪，与水泵电动机连接，控制电动机开启、间歇时间，调解喷水量；支架，支撑悬臂，输导水流；悬臂和喷头。悬臂是直径 25 毫米的薄壁铁管，中间通水，管壁上自中间向外每隔 20～50 厘米镶嵌一个喷头，内稀外密，喷头按顺时针方向转动。

工作时，当水泵开动，水箱里的水通过管道压到悬臂上的喷头，使喷头喷雾，空气产生反作用力，推动悬臂向喷雾相应的方向旋转，使水雾均匀喷在苗床上。

（2）建造苗床

选择在水源电源附近，无高大建筑物挡光的地方建苗床。苗床呈圆形，直径与悬臂等长，一般 10～14 米。边缘用砖砌成高 40 厘米，宽 20 厘米的围墙，拦挡沙子。床底层铺厚 10 厘米的小石子，中层铺直径 0.3 厘米左右的粗砂，厚 5 厘米，上层盖直径 0.1 厘米的细砂，厚 10 厘米，中心比外缘高 20 厘米左右。

（3）确定扦插时间

扦插在 6 月上旬地温达 25℃，葡萄新梢达半木质化时进行，至 8 月中旬气温明显降低时结束。

（4）采集处理扦插新梢

扦插用新梢的采集，宜在阴天或早晚结合整枝进行。采集健壮、无病虫害的半木质化新梢，在阴凉处将新梢剪成长 2～3 节，有 1～2 个正常叶片的插条。上端在节上 2 厘米处剪截，下端在节下 1 厘米处剪截。抗霜霉病弱的品种，剪截后可用 50% 甲霜灵 500 倍液，浸泡 2～3 分钟，再进行扦插。扦插前最好用

ABT 2 号生根粉 50～100 毫克/升溶液浸泡插穗下端 3～5 厘米处 1～2 小时，能显著增加新根数量。通过观察，在同样条件下，用 ABT 2 号生根液处理的，可在浸药部位密生新根，否则只在节间和剪口处生根，其它部位很少生根。

(5) 苗床消毒

扦插前 1 天，用高锰酸钾 200～300 倍液或 50%敌克松 300～500 倍液，将苗床细砂层浸透，以杀菌消毒。

(6) 扦插

扦插宜在早晚或阴天进行。先把苗床喷湿，按株行距 2～10 厘米×2～10 厘米，在苗床上打孔，将插穗直插于基质中，深 2～5 厘米。叶片大，容易染病的品种适当稀插，以 20%～30%的床面见到直射光为准，这样有利于防病和提高地温，促使早生根，增强抗病性；叶片小的适当密插，提高床面的利用率。

(7) 插后管理

扦插后连续喷水 2 小时，补充叶片水分，同时使插穗与苗床密接。以后可根据天气温度及叶片水分情况随时调节喷水及间隔时间，只要叶片有水珠，不发生叶片萎蔫尽量减少喷水量，以便提高地温，有利于根系生长，减少病害发生。当床面温度超过 35℃时适当增加喷水，10 天左右长出新根后，逐渐减少喷水量。

因苗床湿度大，容易发生病害，一般不抗霜霉病的品种要隔 3～4 天在傍晚停止喷水，当叶片无水珠时喷甲霜灵或克抗灵 500 倍液 3～4 次，即可控制病害的发生。

当多数根系长 7～8 厘米以上时进行炼苗。炼苗期间只在中午高温时短时喷水，炼苗 5～7 天后，即可移栽。从扦插到移栽一般需 25 天左右。

(8) 移栽

当苗根系长 10 厘米以上，即可出圃移栽。移栽选择阴天或早晚进行。移栽前先浇透水，使床面松软，以免起苗时根系损伤。小苗用铁铲挖出，把沙子抖落或水洗净。

- 可在苗圃地畦栽。栽时除施足底肥外，要及时浇水，栽植后追施一次磷酸二铵，每666.7米^{2}施20千克。
- 也可栽到营养钵中，待建园时带土坨定植。

(9) 栽后管理

新栽的幼苗抗病能力弱，若逢雨季，应注意防治霜霉病、黑星病，一般7～10天喷1次甲霜灵、克抗灵、波尔多液，几种药交替使用，直到9月上旬为止。

还要结合喷药进行叶面喷肥，主要用250～300倍磷酸二氢钾，促使枝叶健壮，提高抗病能力。

及时摘心去副梢，促进枝条成熟。

(10) 苗木出圃

全光喷雾扦插苗木标准可低于一般苗木标准（表1-1），根据扦插时间的分别处理。7月上旬以前移栽的苗，10月上中旬可有4节以上充分木质化，达到出圃要求。7月中下旬移栽的苗，应于9月上旬扣塑料小拱棚，延长生长期，使枝蔓充分木质化。8月上中旬移栽的苗木，要直接栽到温室内，到11月上中旬可达到出圃要求。也可直接移栽到营养钵中，在温室中培养到翌年5月上中旬，带土坨定植建园，效果更佳。

5. 葡萄压条育苗的关键技术有哪些?

压条育苗首先要选择压条的方式。进行压条育苗时，应提前培养压条用的枝蔓，处理好育苗与结果的关系，结果树可利用萌蘖进行压条。

(1) 水平压条

水平压条又称开沟压条，葡萄水平压条多为地面压条。水平压条可用一年生成熟枝条，也可用当年生的新梢或副梢进行

压条。

• 用一年生成熟枝条压条。需要在前一年冬季修剪时留下植株基部靠近地面的枝蔓，第二年春季萌芽前进行压条。先在靠近准备压条的枝蔓处挖深 10～15 厘米的沟，沟长以枝蔓长度而定，沟的方向以有生长空间、方便管理为准。沟底施肥，耕翻，使土壤疏松。然后将枝蔓水平顺放在沟底，并用枝杈、铁丝等钩状物固定。固定后立即覆土，厚度以盖上压条为度，保持枝蔓处在湿润的土壤中。覆土后压实，使枝蔓与土壤紧密接触，有利发根。当枝蔓上芽眼萌芽，新梢生长至 15～20 厘米时，基部少量培土，当高达 40 厘米以上，基部已达半木质化时再次培土，将沟填平。新梢生长达到要求高度进行摘心，并处理副梢，保证当年枝条成熟。秋季落叶后挖起，分节剪断即成压条苗（图 1-6）。如果继续育苗，则保留靠近母枝的 1～2 株小苗，供翌年重复压条。

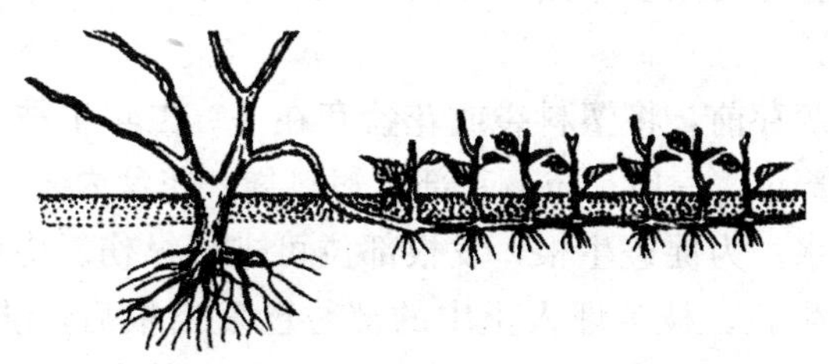

图 1-6　葡萄一年生枝地面水平压条

• 用当年新梢压条。用新梢压条称为绿枝压条，选用植株基部当年的新梢（主梢），副梢不要处理，当主梢长度达到 1 米左右，且半木质化时，在靠近主梢处挖深 10～15 厘米、长 1 米的沟，将主梢水平顺放在沟底，并用枝杈、铁丝等钩状物固定，使副梢直立向上生长。当副梢长到 20 厘米时，沟内覆土压实，将主梢和副梢基部埋入土中。这时已近雨季，土壤湿度好，且温度高，压条生根快。副梢高达 40 厘米左右时，再次培土，将沟填平。新梢（副梢）生长达到苗木要求高度时进行摘心，二次副梢留 1 片摘心，保证当年枝条成熟。秋季落叶后挖起，分节剪断即成压条苗（图 1-7）。

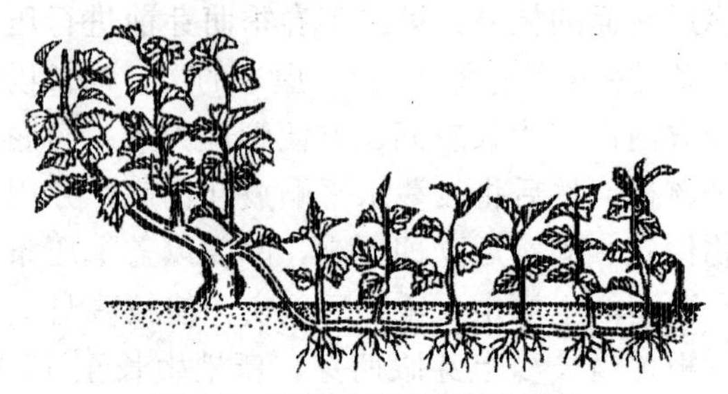

图 1-7　葡萄绿枝地面水平压条

在生长期较长的地区，还可以利用副梢压条，促使二次副梢成苗，以增加出苗数量。

（2）直立压条

葡萄直立压条多采用空中直立压条，用一、二年生枝或新梢进行。

春季萌芽前，将塑料袋或花盆套在一、二年生枝上准备使其发根的部位，一般是枝蔓基部，塑料袋、花盆内装入营养土，固定，浇水。为促进生根，发根部位可进行纵伤。待枝条上部芽眼萌发生长，枝条埋入土中的部位已发出根后，从塑料袋、花盆等的底部与母体相连的部分剪断而与母体分离，成为带挂果穗的独立植株（图 1-8）。

葡萄空中垂直压条也可在生长季利用半木质化后的新梢来进行，用塑料袋比较方便。

（3）曲枝压条

葡萄曲枝压条，地面、空中都可进行。时间多在春季萌芽前，也可在生长季新梢半木质化时进行，春季压入土壤中或花盆中，生长季压入花盆中。

春季进行，在压条植株上选择 1～2 年生枝条，在其附近挖

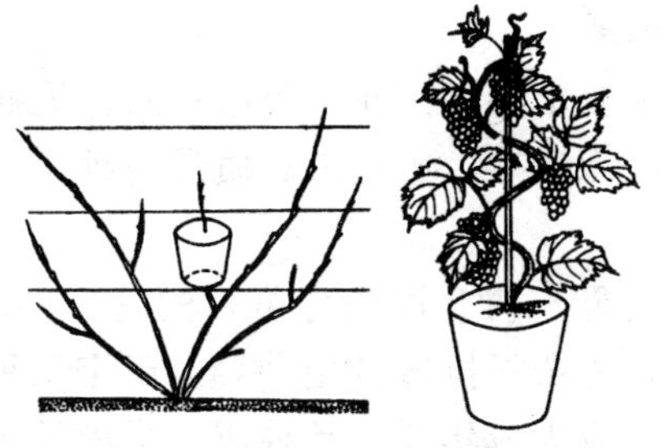

空中花盆压条　压条苗剪离母体后

图 1-8　葡萄空中直立压条

深、宽各为 15～20 厘米的沟穴，穴与母株的距离以枝条的中下部能弯曲压入穴内为宜。然后将枝条弯曲向下，靠在穴底，用钩状物固定，并在弯曲处环剥。枝条顶部露出穴外。在枝条弯曲部分压土填平，使枝条入土部分生根，露在地面部分萌发新梢。秋末冬初将生根枝条与母株剪截分离（图 1-9）。

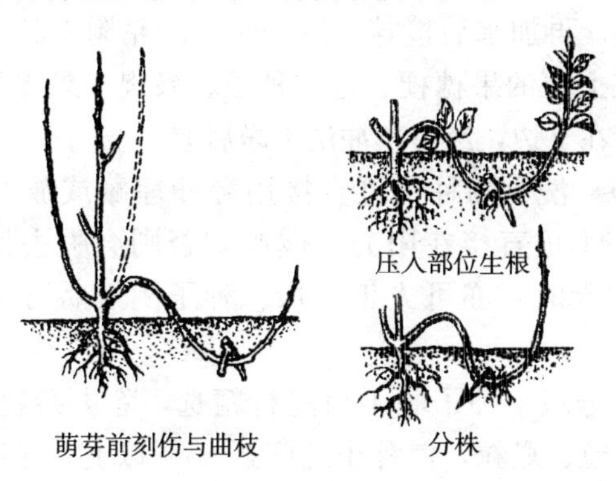

萌芽前刻伤与曲枝　分株

图 1-9　地面曲枝压条

6. 葡萄实生育苗的关键技术有哪些？

常规实生育苗的基本程序是：种子采集—种子处理—种子质量检验—苗床准备—播种—苗圃管理。

(1) 种子采集

育苗的种子要求品种纯正，类型一致，无病虫害，充分成熟，子粒饱满，无混杂。要获得高质量的种子，种子采集必须做好以下几点。

①选择优良母本树。根据育苗目的选择砧木品种或类型，如提高抗寒性，可选择抗寒的山葡萄，确定采种植株，即母本树。采种母本树应为成年树，品种或者类型纯正，适应当地条件，生长健壮，性状优良，无病虫害，种子饱满。

②适时采收。葡萄同绝大部分树种一样，必须在种子充分成熟时采收。这时，果实具有葡萄品种或者类型固有的色泽，种子充实饱满，并具固有的色泽。山葡萄在8月采收。

③取种。将果实成熟的果穗剪下，搓碎用水漂去果肉果皮，洗净凉干。可将果穗放入盆、缸、泥池等容器中，用棍棒搅拌，或带皮手套用手搓，使果粒破碎，种子与果肉分离，将果汁滤出加工利用。再加水后搅拌，进一步脱除粘附在种子上的碎果肉，把浮在上边的果穗梗、瘪粒种子、果肉、果皮等捞出，饱满种子沉留在下边，经多次冲洗干净后取出。

④干燥。洗干的种子可直接用湿沙埋藏或放在阴凉通风处风干，切不可直接在阳光下曝晒，否则会失去发芽力。限于场所或阴天时，亦可人工干燥。种子阴干后可干藏，直至层积。

⑤精选分级。种子晾干后进行精选，除去杂物、病虫粒、畸形粒、破粒、烂粒，使种子纯度达95%以上。净种方法，可用人工挑选也可利用风选、筛选、水选等方法。

分级是将同一批种子按其大小、饱满程度或重量进行分类。用分级后的种子分别播种，其发芽率、出苗期、幼苗的生长势有很大差异，所以种子分级是十分必要的。可用不同的筛孔进行筛选分级。

(2) 种子贮藏

不管是自采还是购买获得的种子，需要妥善贮藏保管。一般果树砧木种子贮藏过程中，空气相对湿度50%～70%为宜，最适温度0～8℃。

葡萄充分阴干后进行贮藏，用麻袋、布袋或筐、箱等装好存放在通风、干燥、阴冷的室内、库内、囤内等。种子贮藏过程中，要注意防虫防鼠。

(3) 种子质量检验

种子层积处理前、播种前或购种时，均需对种子进行质量检验，以确定种子的使用价值，为播种量提供参考。

①种子净度和纯度检验。净度是指种子占样品的百分比，纯度是指本品种种子占种子的百分比。

检验的方法是：从装种子的麻袋、布袋或筐、箱等的上下里外各部位取部分样品，混合后称重，然后放置于光滑的纸上，分别拣出本品种种子、其他种子、杂质。分别称本品种种子、其他种子、杂质重量，并记录。杂质包括破粒、秕粒、虫蛀粒及杂物。然后按照以下公式进行计算：

净度（%）＝（本品种种子重量＋其他种子重量）/（本品种种子重量＋其他种子重量＋杂质重量）×100%

纯度（%）＝本品种种子重量/（本品种种子重量＋其他种子重量）×100%

②每千克种子数量调查。调查每千克种子有多少粒。方法是：取一定量的种子，称重并计数，然后折算成每千克种子数量。可以与种子净度和纯度检验同时进行，称重的同时数出种子的粒数，折算成每千克种子数量。一般纯净的山葡萄种子，每千克1.6万～2.4万粒。

③种子生活力鉴定。鉴定种子是否有生活力，可以选用下列方法进行。鉴定后，计算正常种子与劣质种子的百分数，以

判断种子生活力情况。

• 目测法。操作方法是：观察种子的外表和内部，一般生活力强的种子，种皮不皱缩，有光泽，种粒饱满。剥去内种皮后，胚和子叶呈乳白色，不透明，有弹性，用手指按压不破碎，无霉烂味。而种粒瘪小，种皮发白且发暗无光泽，弹性小或无弹性，胚及子叶变黄或污白，都是生活力减退或失去生活力的种子。

• 染色法。使用不同的染色剂，对种子进行染色观察，根据染色情况，判断其生活力大小。最简单的染色是用红墨水。操作方法是：取种子100粒，用水浸泡1～2天，待种皮柔软后剥去种皮，浸入5%～10%红墨水溶液6～8小时。染色时温度20～30℃为宜，温度低时，染色时间适当加长，当低于10℃，染色困难。完成染色时间之后，用清水漂洗种子，检查染色情况，计算各类种子的百分数。凡胚和子叶没有染色或稍有浅斑的为有生活力的种子；胚和子叶部分染色的为生活力较差的种子；胚和子叶完全染色的为无生活力的种子。因为染色剂能透过死细胞组织，但不能透过活细胞，染上色的部分为死细胞组织，已无生活力。

• 发芽试验法。在适宜条件下使种子发芽，直接测定种子的发芽能力。供测种子必须是已解除休眠。每次用100粒种子，重复3～5次。在培养皿或瓦盆中，衬垫滤纸、脱脂棉或清洁河沙，加清水以手压衬垫物不出水为度，将种子均匀摆布其上，保持20～25℃较恒定的温度，每天检查1次，记载发芽种子数，缺水时可用滴管滴水，避免冲动种子。凡长出正常的幼根、幼芽的种子，均为可发芽的种子；幼根、幼芽畸形、残缺、中间细、根尖发褐停止生长的，为不发芽的种子。根据发芽种子数量，计算发芽率，判断种子的生活力。发芽率＝发芽种子总粒数/试验种子总粒数×100%。

• 烘烤法。为种子简易快速测定方法。方法是：取少量种子，数清粒数，将其放在炒勺、铁片或炉盖上，加热炒烤，有

生活力的好种子会发出“叭叭”的爆裂声响，无生活力的种子则无声焦化，然后统计好种百分率。

(4) 种子层积处理

种子层积处理所用基质多用河沙，因而层积处理也称为沙藏。层积天数即种子完成后熟所需时间，山葡萄种子层积需90天左右。开始层积时间根据种子完成后熟所需天数，和当地春季播种时间决定。

层积前将精选的种子用清水浸泡1～3天，每日换水并搅拌1～2次，使全部种子都能充分吸水。河沙要洁净，用量为种子体积的3～5倍，含水量50%左右，以手握成团但不滴水为度。

• 露天层积处理。大量种子层积处理露天进行，方法是：选地形较高、排水良好的背阴处，挖一东西向的层积沟，深度为60～150厘米，东北地区120～150厘米，华北、中原地区60～100厘米，坑的宽度为80～120厘米，长度随种子的数量而定。在沟底铺5～10厘米的湿沙，将种子和湿沙混合均匀或分层相间放入，至离地面10～30厘米为止，以当地冻土层厚度而异，冻土深则厚，反之则薄。上覆湿沙与地面相平或稍高于地面，盖上一层草后，再用土堆盖成屋脊形，四周挖好排水沟。同时，每隔2米间隔竖插一个通气草把，以利通气。对层积种子名称、数量和日期要作好记录（图1-10）。

• 室内层积处理。种子量少时，可将种子和河沙混合后装在花盆、木箱等能渗水的容器中，放在贮藏窖或空房子中，埋在土壤中也可。

层积过程中的适宜温度为2～7℃。层积期间应检查2～3次，并上下翻动，以便通气散热；如沙子变干，应适当洒水；发现霉烂种子及时挑出；春季气温上升，应注意种子萌动情况。

如果距离播种期较远而种子已萌动，可喷水降温或将其转移到冷凉处，延缓萌发。一般情况下，在播种前将种子移至温度较高的地方，待种子露白时即可播种。播种前5～10天移入

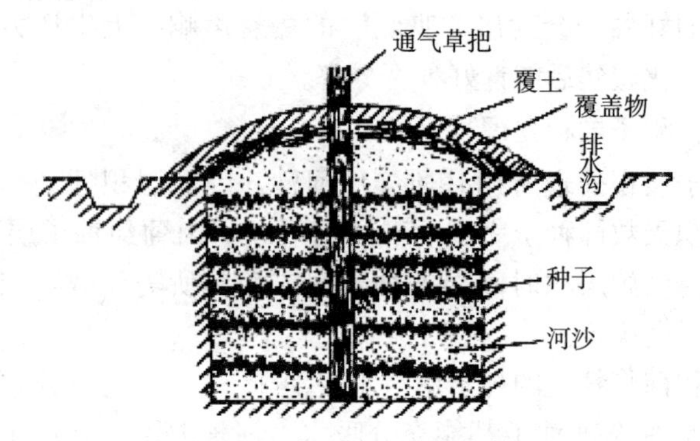

图 1-10　种子层积处理示意图

室内，保持一定室温，任其自然发芽；大量种子可用底热装置、塑料拱棚或温室大棚进行催芽。当种子有 20%～30%露白时即可播种。

(5) 苗床准备

①土壤消毒。苗圃地下病虫对幼苗危害性较大，在整地时对土壤进行处理，可起到事半功倍的效果。病害中，立枯病、猝倒病、根腐病等病害，危害较大。一般用 50%多菌灵或 70%甲基托布津或 50%福美双，每 666.7 米^{2}地表喷洒 5～6 千克，翻入土壤，可防治病害。地下害虫中，蛴螬、地老虎、蝼蛄、金针虫等危害比较严重。每 666.7 米^{2}用 50%辛硫磷 300 毫升拌土 25～30 千克，撒施于地表，然后耕翻入土。

②整地。首先深耕细耙，整平土地，除去影响种子发芽的杂草、残根、石块等障碍物。耕翻深度以 25～30 厘米为宜。土壤干旱时可以先灌水造墒，再行耕翻，亦可先耕翻后浇水。

③施底肥。底肥在整地前施入，亦可作畦后施入畦内，翻入土壤。每 666.7 米^{2}施 2500～4000 千克腐熟有机肥，同时混入过磷酸钙 25 千克、草木灰 25 千克，或复合肥、果树专用肥。缺铁土壤，每 666.7 米^{2}施入硫酸亚铁 10～15 千克，以防苗木黄化病的发生。

④作畦。土壤经过耕翻平整即可作畦或垄，一般畦宽1米、长10米左右，畦埂宽30厘米，畦面应耕平整细。低洼地宜采用高畦苗床，畦面高出地面15～20厘米。畦的四周开25厘米深的沟，以便灌溉和排水防涝。

(6) 播种

①确定播种时期。播种分春播和秋播。葡萄一般采用春播，春播在土壤解冻后开始，时间为3月中旬至4月中旬。塑料拱棚、日光温室育苗播种时间比露地依次提前。

②确定播种量。播种量是指单位土地面积所用种子的数量，播种量通常以千克/666.7米^{2}或千克/公顷表示。

理论上播种量可用下列公式计算：

播种量（千克/666.7米^2）＝每666.7米^{2}计划出苗数/每千克种子粒数×种子纯度×种子发芽率

由于各种原因会造成缺苗损失，计算用量还要增加保险系数，实际用量一般要高于计算用量。山葡萄每666.7米^{2}可出苗1.2万～1.5万株，每千克种子1.6万～2.4万粒，播种量666.7米^{2}1.5～2千克。

③确定播种方法。播种方法主要有撒播、点播和条播3种。

• 点播。是按一定的株行距挖小穴将种子播撒于土壤中的方法。一般畦宽1米，每畦播2～3行，株距10～15厘米。播种时先开沟或开穴，灌透水，待水渗下后每隔10～15厘米放3～5粒种子，再覆土整平。

• 条播。是按一定的行距开沟，将种子均匀地撒在沟内的播种方法。1米宽的畦播2～4行，亦可采用宽窄行播种。播种时先按行距开沟，灌透水，待水渗下后将种子撒在沟中，再覆土整平，最后盖上覆盖物或细沙。

• 撒播。是将种子均匀撒在畦面上，然后撒土覆盖种子的播种方法。具体方法是：先将畦面整平，刮出覆土后灌水，水渗后均匀撒种，然后覆细土，也可再加覆盖物。

④确定播种深度。播种覆土厚度一般为种子直径的1～3倍，山葡萄覆土厚度为1.5～2厘米。在这一范围内，如果气候干燥，沙质土壤可深播；气候湿润，黏质土可浅播。

(7) 苗圃管理

①覆盖。播种之后，床面用作物秸杆、草类、树叶、芦苇等材料覆盖。覆盖的厚度为2～3厘米，干旱、风多、寒冷地区适当盖厚。播后10天左右即可出苗，当20%～30%幼苗出土时，应逐渐撤除覆盖物，防止捂黄幼苗，或使幼苗弯曲。撤除覆盖物在阴天或傍晚进行，且应分2～3次揭除，出苗率达50%时，全部揭除。也可采用地膜、薄膜覆盖，需离地面5～10厘米，类似于小拱棚。

②浇水。种子萌发出土前后，忌大水漫灌。如果需要灌水，以渗灌、滴灌和喷灌方式为好，也可用洒壶或喷雾器傍晚喷水增墒。苗高10厘米以上后，不同灌溉方式均可采用，但幼苗期漫灌时水流量不宜过大。生长期应适时适量灌水，以促进苗木迅速生长。秋季注意控制肥水。越冬前灌足封冻水。

③间苗与移栽。间苗和定苗是一致的，确定留苗后把多余的苗拔掉，称为间苗。间苗、定苗在幼苗长到2～3片真叶时进行。要求做到早间苗，分期间苗，适时合理定苗，保证苗全苗壮。定苗距离根据确定的株距进行，一般10～15厘米左右。保留健壮苗，间去小、弱、密、病、虫、畸形苗。

间出的幼苗，除病弱苗和损伤苗外，其他幼苗可以移栽利用，提高出苗率。移栽前2～3天灌水一次，以利挖苗。移栽在阴天或傍晚进行，栽后要立即灌水。移栽时首先补齐缺苗断垄的地方，然后将多余的苗栽入空地。

④断根。在苗高10～20厘米左右时将主根截断称为断根，断根有利于分生新根。截断时离苗10厘米左右倾斜45°角斜插下锹，将主根截断。

⑤中耕锄草。苗木出土后以及整个生长期间，经常中耕锄

草，以疏松土壤，破除板结，增强透气性，保持水分，清除杂草，减少水分和养分消耗，为苗木生长创造良好的环境条件。

⑥追肥。在苗木生长期，结合灌水进行土壤追肥 1～2 次。第一次追肥在 5～6 月份，666.7 米^{2}施用尿素 8～10 千克；第二次在 7 月上中旬，666.7 米^{2}施用复合肥 10～15 千克。

除土壤追肥外，结合防治病虫喷药进行叶面喷肥，苗长至 4～5 片叶时即可开始，7～10 天 1 次，生长前期喷 0.3%的尿素；8 月中旬以后喷 0.5%的磷酸二氢钾。或交替使用有机腐殖酸液肥、氨基酸复合肥、光合微肥等叶面肥料。

⑦防治病虫害。幼苗期应注意病虫害的综合防治。发现病苗立即拔除，并迅速带离苗圃，集中烧毁或深埋。

发现幼苗被地下害虫危害，可用辛硫磷等药剂灌根处理。对地老虎、蝼蛄等地下害虫，可以加工毒饵诱杀，还可利用趋光性黑光灯诱杀成虫。防治蚜虫，可选用 10%吡虫啉 3000～5000 倍液、20%甲氰菊酯 3000 倍液等。

幼苗根部病害采用铜铵合剂防治效果较好，配制方法为：将硫酸铜 2 千克、碳酸铵 11 千克、消石灰 4 千克，混匀后密闭 24 小时。使用时取 1 千克，对水 400 千克，喷洒病苗及土壤。也可用 50%多菌灵或 50%甲基托布津 800 倍液、75%百菌清 500 倍液喷雾。

⑧摘心。把新梢先端的幼嫩去掉称为摘心。如果培育实生砧木苗当年利用进行嫁接，当幼苗长到 30 厘米左右高时摘心，促其加粗生长。如果当年不利用其嫁接，秋季进行摘心，促进枝芽成熟，提高出圃率。

7. 葡萄硬枝嫁接育苗的关键技术有哪些?

葡萄硬枝嫁接育苗包括砧木准备—接穗采集与处理—嫁接—嫁接后管理—苗木出圃。

葡萄硬枝嫁接育苗，关键技术是嫁接，嫁接方法多采用劈接。

(1) 砧木准备

①砧木选择。嫁接苗主要是利用砧木的某些抗性，进行优良品种生产。利用抗寒砧木发展寒地葡萄生产，可采用山葡萄和贝达；利用抗旱砧木在旱地发展葡萄可采用SO4砧木；在盐碱地发展葡萄栽培，可采用抗盐碱砧木5BB砧木；此外，SO4、5BB和久洛等抗病虫葡萄砧木可避免一些根部病虫危害。

②砧木培育。温室内嫁接，砧木一般为枝段或苗木，室外嫁接砧木一般为为苗木。砧木用枝段，枝条的采集与贮藏按照硬枝扦插的相关内容进行；砧木用实生苗、扦插苗、压条苗分别按照实生苗、扦插苗、压条苗的培育方法培养。

(2) 接穗采集与处理

接穗采集、贮藏的方法与硬枝扦插接穗采集、贮藏相同。采集接穗的时间应在葡萄落叶后，一般结合冬剪进行，修剪1个品种，收集1个品种，以免品种混杂。接穗从品种纯正、植株健壮的结果株上采集。接穗应为充分成熟、节部膨大、芽眼饱满、髓部小于枝条直径的1/3、无病虫的1年生枝。按枝条长短、粗细分开，每50根或100根种条1捆，捆扎整齐，作好标记。入沟埋藏。

嫁接前1天取出接穗，用清水浸泡12～24小时，使接穗吸足水分。

(3) 嫁接培育

- 温室内硬枝对硬枝嫁接培育

①嫁接时间。在当地栽植前50～60天进行嫁接，一般在2～3月。

②嫁接材料处理。嫁接前将上年秋季贮藏好的砧木枝条、接穗取出，将枝条剪成15～20厘米的茎段，也叫砧杆，要求上剪口平剪、下剪口斜剪，剪成马蹄形，并且要去除砧木上的芽眼，以防止砧木芽萌发而影响嫁接成活率。

③嫁接。采用劈接法进行嫁接。选取粗度一致的接穗与砧木。接穗选择 1～2 个饱满芽，在顶部芽以上 2 厘米和下部芽以下 3～4 厘米处截断。在芽下两侧分别向中心切削成 2～3 厘米的长削面，削面务必平滑，呈楔形。在砧木上端横切面直径位置纵切一刀，切口深度与接穗削面长度一致，沿切口插入削好的接穗，使接穗与砧木形成层对齐（图 1-11）。将嫁接好的种条在已经熔化好的石蜡溶液中速蘸一下，密封接穗与接口。

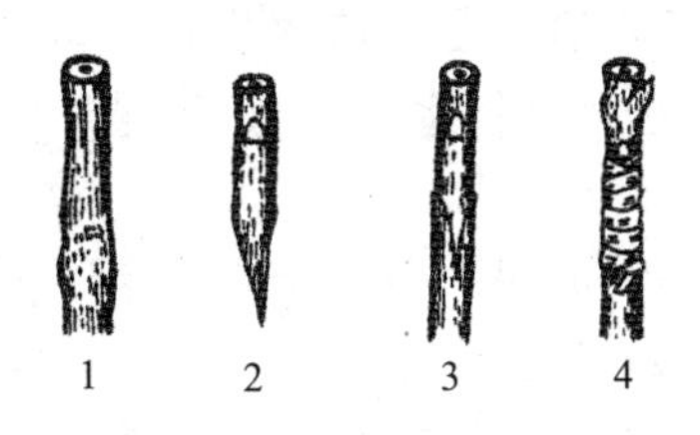

图 1-11　硬枝劈接

1. 砧木枝段　2. 削好的接穗　3. 接穗插入砧木劈口　4. 包扎后的接条

④ ABT 生根粉处理。将嫁接完成的砧木马蹄面对齐，10 根 1 捆，在 1 克/千克的 ABT2 号生根粉溶液中速蘸一下。

⑤上床催根。在塑料大棚或温室内，基本按照硬枝扦插电热催根的方法进行催根，但温床铺设上下双层地热线。床宽 1.0～1.5 米，长度依棚大小而定。温床底部整平，周围用木板圈住，固定。底部先铺一层草苫，然后用 5 厘米厚的湿沙压平压实。地热线的铺设分上下两层，先铺设底层地热线，在床的两端各固定 1 块木板，木板上每隔 5～6 厘米钉 1 个钉子，将地热线往返挂在两端的钉子上，线上铺 4～5 厘米厚的湿沙。第二层（上层）地热线高出下层地热线 20 厘米在温床左右两侧各固定 1 条木板，横向铺设地热线，边码种条边铺设，宽度根据 1 捆种条粗度而定。每捆种条的接口处于上层地热线的两条相邻线之间。捆间灌入细沙并灌水沉积，芽眼露外。在铺设线路的上、下两层分别放置 1 个控温仪的感温头，上层的温度控制在

28～29 ℃，下层的温度控制在 24～25 ℃。经 20 多天，当大部分接条已经愈合、砧条已出现根原体或幼根时，停止加温。锻炼几天后，即可移入温室内。

⑥温室内培育。在温室内做苗床，宽 1.0～1.5 米，长度视温棚宽度而定，深 30 厘米。将细沙 2 份、稻田土 3 份充分拌匀后装入营养袋内。装实后的土面与袋口持平。将营养袋排列整齐，先灌水，后插条。注意控制温室温度和苗床的湿度，加强水肥管理和病虫害防治，促进苗木生长。待苗木长到 15 厘米时，开始逐步通风透光，控水、控肥、炼苗。

• 田间硬枝对硬枝嫁接培育

①嫁接时间。田间嫁接一般选择在伤流之前进行。

②砧木准备。嫁接砧木为去年培育的实生苗或扦插苗。嫁接的前 2～5 天，将苗圃土壤浇足浇透，使土壤充分吸水，2～3 天后，土壤表面发黄，砂壤土用手攥后成团，松手后土团不散，手上略带水印时即可进行嫁接。准备好接穗。

③嫁接。嫁接采用劈接法，砧木在离地表 10～15 厘米处剪截，在横切面直径位置垂直劈下，深 2～3 厘米。接穗选择 1～2 个饱满芽，在顶部芽以上 2 厘米和下部芽以下 3～4 厘米处截断。在芽下两侧分别向中心切削成 2～3 厘米的长削面，削面务必平滑，呈楔形。随即插入砧木劈口，一侧的形成层对准，然后用宽 3 厘米、长 20 厘米的塑料薄膜条，由砧木切口最下端向上缠绕至接芽处，包严接穗削面后向下反转，在砧木切口下端打结（图 1-11）。

④嫁接后管理。在葡萄硬枝嫁接后，其砧木上往往会发出许多萌蘖，消耗营养，要及时抹除砧木萌蘖，及时摘除所有生长点。接芽萌发前，在芽上方，用刀片将包扎带划破一小口，以便新梢伸出。嫁接新梢长到 50～60 厘米时摘心，上架，促进新梢粗壮成熟。新梢摘心时，解除塑料条，防止影响枝条的加粗生长。嫁接植株，因砧木根系强大，生长一般表现强旺，若

土壤肥沃应注意适当控制肥水，尤其是氮肥的施用量和生长后期，防止徒长。

(4) 苗木出圃

田间嫁接苗木出圃的程序和要求基本按照硬枝扦插育苗的出圃程序和要求进行，温室内嫁接苗木出圃的程序和要求基本按照温室硬枝扦插营养袋苗的出圃程序和要求进行。分级标准按照《中华人民共和国农业行业标准 葡萄苗木 NY 469-2001》执行（表1-2）。

表1-2 葡萄嫁接苗质量标准

项目		级别		
		一级	二级	三级
品种与砧木纯度		≥98%	≥98%	≥98%
根系	侧根数量	≥5	≥4	≥4
	侧根粗度，厘米	≥0.3	≥0.3	≥0.2
	侧根长度，厘米	≥20	≥20	≤20
	侧根分布	均匀 舒展	均匀 舒展	均匀 舒展
枝干	成熟度	充分成熟	充分成熟	充分成熟
	枝干高度，厘米	≥30	≥30	≥30
	接口高度，厘米	10～15	10～15	10～15
	粗度，厘米			
	硬枝嫁接	≥0.8	≥0.6	≥0.5
	绿枝嫁接	≥0.6	≥0.5	≥0.4
	嫁接愈合程度	愈合良好	愈合良好	愈合良好
根皮与枝皮		无新损伤	无新损伤	无新损伤
接称品种芽眼数		≥5	≥5	≥3
砧木萌蘖		完全清除	完全清除	完全清除
病虫危害情况		无检疫对象	无检疫对象	无检疫对象

8. 葡萄绿枝嫁接育苗的关键技术有哪些?

葡萄绿枝嫁接育苗包括确定嫁接时间—砧木培养—接穗采集与处理—嫁接—嫁接后管理—苗木出圃。

葡萄绿枝嫁接育苗，关键技术也是嫁接，嫁接方法多采单芽劈接。

(1) 确定嫁接时间

每年4～6月，当砧木和接穗均达木质化时即可进行嫁接。晴天的上午9时以后，下午6时以前嫁接为好，雨天或露水太大不宜嫁接。

(2) 砧木培养

选用二年生或一年生，根系发达，生长旺盛，无病无伤的砧木苗。事先整平苗畦，施沤熟的农家肥或渣饼肥，栽苗行距50～60厘米，株距30～40厘米，枝蔓在近根部留两个饱满的芽短接。栽后浇透水。北方较冷地区栽苗后，扣塑料小拱棚保温促苗。发芽后每株留一个健壮新梢，疏除其他弱芽及根部的蘖芽，等苗长出7～8片叶时平顶打尖，促使长粗长壮。嫁接时的砧木苗粗细与接穗新梢的粗细大致一样。嫁接前2～3天苗圃浇一次水。

(3) 接穗采集与处理

接穗从品种纯正、生长健壮、无病虫害的植株上采集，可与夏季修剪时的疏枝、摘心、除副梢等项工作结合进行，随采随接。如果利用结果枝作接穗，嫁接前20～30天摘除果穗。选择半木质化的新梢，芽眼最好是刚萌发而未吐叶的夏芽。接穗采剪后立即去掉叶片用湿布包好，遮阴备用，如果需要远距离采接穗时，应用广口保温瓶贮运接穗，瓶内装冰块降温保湿，防止接穗失水。

(4) 嫁接

采用单芽劈接。接穗在芽上2厘米处平剪，在芽下2.5～3

厘米处分别向下削出 2 个相对的斜面，长 2～2.5 厘米，为楔形。将削好的接穗轻轻含在口中，立即用刀片把砧木新梢留 20～30 厘米截断，从断面垂直切开长 2.5～3 厘米的切口，迅速把接穗插入，对准形成层，接穗削切口的上侧要露出砧木 2～3 毫米，露出一点切口便于砧木与接穗伤口的愈合。插入后立即用厚 0.08 毫米、宽 1～1.2 厘米、长 20～25 厘米的塑料扎带包扎，自下向上缠紧扎严打结。再用厚 0.03 毫米、宽 1.5 厘米、长 20～25 厘米的塑料扎带，把接穗全部缠裹扎严绑紧，只露出芽，接穗顶部有棱角的地方，一定要包严扎紧不能透气（图 1-12）。

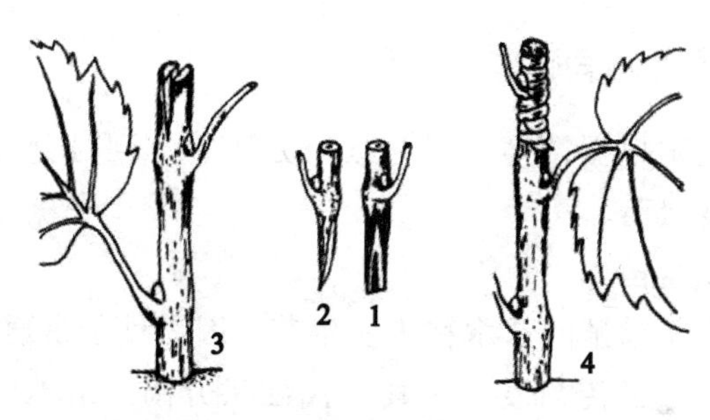

图 1-12 绿枝嫁接

1、2. 接穗两个削面 3. 砧木处理 4. 绑扎

（5）嫁接后管理

①检查成活和补接。接后 15 天检查成活情况，叶柄可碰掉的已成活；叶柄柔软碰不掉的未成活。未成活的可剪去嫁接部分后补接，补接的嫁接方法同前。

②土肥水管理。雨后、浇水后及时松土保墒。浇水前施肥，前期以氮肥为主，后期施磷钾肥为主。嫁接后及时浇水，保持土壤水分充足。

③除萌。及时、反复、多次除掉砧木上的萌蘖，以集中养分，促进接芽萌发和生长。

④引绑。随着新梢的生长，不断进行引绑，以防止新梢着地感病和风吹折断，通风透光良好。

⑤喷药。嫁接前后，每隔 10～15 天，用三唑酮或多菌灵杀菌。

(6) 苗木出圃

葡萄绿枝嫁接育苗出圃程序和要求参照田间硬枝嫁接和硬枝扦插育苗的出圃程序和要求进行。分级标准按照《中华人民共和国农业行业标准葡萄苗木 NY 469—2001》执行（表 1-2）。

(二) 葡萄育苗疑难问题详解

1. 葡萄苗木有哪些种类?

葡萄苗木根据繁殖材料与繁殖方法的不同可分为实生苗、自根苗和嫁接苗。

(1) 实生苗

利用种子繁殖的苗木称为实生苗。因为种子是通过两性结合产生的，从遗传角度看，其后代性状分离，苗木间差异大，不能保持品种的优良性状，所以实生苗不能直接用于建园。实生苗根系发达，生长旺盛，适应性强，抗逆性强。实生苗寿命长，但进入结果期晚。这些是实生苗的特点。

实生苗主要作为砧木培育嫁接苗，例如利用实生苗的抗寒性、抗病性等，嫁接品种后，可以提高植株这些方法的抗性。

(2) 自根苗

根系由植株自身体细胞产生的苗木叫自根苗，亦称无性系苗或营养系苗。自根苗可用扦插、压条、分株和组织培养等方法繁殖，分别称为扦插苗、压条苗、分株苗和组织培养苗，组织培养苗简称组培苗。

这类苗木是由植株营养器官的一部分长成的，实际上是植

株的继续发育，其特点是能保持母本优良特性，变异小，苗木生长整齐一致，结果早。但自根苗无主根，根系较浅，苗木生活力较差，对环境的适应性、抗逆性不如实生苗，寿命较短。

自根苗可以直接作为果苗栽植，葡萄生产上主要用扦插苗，有时用压条苗、分株苗和组织培养苗；自根苗也可作为砧木，嫁接优良品种，培育嫁接苗。

(3) 嫁接苗

采用嫁接方法繁殖的苗木称嫁接苗。将一植株上的枝或芽移接到另一植株的枝、干或根上，接口愈合生长在一起，形成一个新植株的方法称为嫁接。用作嫁接的枝与芽称为接穗与接芽，承受接穗或接芽的部分称砧木，嫁接苗就由砧木和接穗两部分组成。

嫁接苗主要是利用砧木的某些特性，如抗寒、抗旱、耐涝、耐盐碱、抗病虫等，增强品种的抗逆性和适应性，扩大栽培范围，改进栽培方式，提高产量与质量。嫁接苗的接穗或接芽要求取自成熟阶段、性状稳定的优良植株，实际上是植株的继续发育，能保持母株的优良性状，结果较早。这样砧木接穗两全其美。

葡萄生产上部分地区使用嫁接苗，主要是寒冷地区、病虫严重情况下利用抗寒砧木、抗病虫砧木嫁接优良品种，从而增强品种的抗逆性和适应性。嫁接除用于繁殖苗木外，还应用于大树高接换种，补充缺枝。

根据所用砧木的不同，嫁接苗有实生砧嫁接苗、自根砧嫁接苗等。当然，接穗是什么品种，嫁接苗就是什么品种。

2. 葡萄育苗用哪种方法好？

葡萄育苗方法各有特点和要求，具体用哪种方法要根据育苗目的、要求、条件等决定。

(1) 硬枝扦插育苗

所谓扦插育苗，是将部分营养器官（根、茎、叶）插入土壤或其他基质中，使其生根或萌芽抽枝，成为新的植株的方法。硬枝扦插育苗，是利用充分成熟的1～2年生枝条进行的扦插育苗，葡萄硬枝扦插育苗一般用充分成熟的一年生枝。利用硬枝扦插育苗是葡萄的主要育苗方法。因为葡萄枝条易生根，扦插成活率高；葡萄枝条来源广，冬季修剪量大，每年修剪产生大量枝条，可以结合修剪收集，又充分利用了资源；扦插育苗方法简单，出苗率高。

• 露天硬枝扦插。这是最简单的方法，也是传统的育苗方法。采用这种方法，育苗成活率和苗木整齐度相对较低。春季田间整畦，直接进行一年生枝扦插。为了保湿，可用湿土埋顶芽。

• 露天地膜覆盖硬枝扦插。地膜覆盖可以增温保水，与传统的育苗方法相比，成活率和整齐度大大提高。

• 药剂催根露天硬枝扦插。多用ABT生根粉处理，不管露天硬枝扦插，还是地膜覆盖硬枝扦插，都会提高成活率，ABT生根粉处理也比较省事。

• 加温催根露天硬枝扦插。加温催根后，插条已经长出幼根，扦插后一般能够成活。加温催根前药剂处理，更能保证生根。但加温需要一些设备。露天扦插时，地膜覆盖、加盖小拱棚更好。

• 温室硬枝扦插。葡萄温室硬枝扦插育苗培育的苗木，春天带叶出圃，有人称为绿苗，用营养袋培育，有人称为营养袋苗。这是比较先进的育苗方法，一般是药剂处理、加温催根、营养袋扦插、温室培育全部配套。

葡萄温室硬枝扦插育苗最大的好处是当年育苗，当年栽植，相当于1年生苗，缩短了育苗时间；但需要温室、加温等设施设备，投资大。一般是秋、冬季苗木短缺或某些优良品种苗木

需求量大时，采取的快速繁育方法。是一种繁殖系数高、育苗期短、省工、省地、成本低的育苗方法，每 666.7 米^2 出苗 10 万～20 万株，苗期仅为 3 个月，可以用周转箱盛装后，进行长途运输。葡萄绿苗培育管理方便，成活率高，提早进入结果期。也为葡萄设施栽培及时提供优新品种，以及一年一栽制苗木定植，达到当年培育壮株，来年丰产的效果。

(2) 绿枝扦插育苗

绿枝扦插又称嫩枝扦插，是利用当年生半木质化带叶新梢在生长期进行的扦插扦插育苗方法。绿枝扦插苗可在当年秋天落叶后出圃，大大缩短育苗时间。从理论上讲，半木质化的绿枝薄壁细胞多，含水量足，可溶性糖和氨基酸含量多，酶活性高，再生能力强，容易生根，扦插苗成活率高，质量好。但夏季高温，温度、水分、通气、病害等往往较难控制，常见的问题是插条干枯、腐烂等。

全光喷雾扦插可以解决这些问题。所谓全光喷雾扦插育苗，是指利用自控设备，使葡萄带叶的新梢在全天直射光照、弥雾状态下扦插生根，培育为苗木的育苗方法。全光喷雾扦插育苗的前提是必须有相应的设备。生长季剪取新梢，还要处理好育苗与生长、结果的关系，解决好插条的来源。

(3) 压条育苗

利于压条进行育苗的方法为压条育苗。压条是指在与母株不分离的状态下，将枝条压入土中或包埋于生根介质中，使其生根后，与母株剪断脱离，成为独立植株的方法。根据地点，压条繁殖有地面压条和空中压条之分，地面压条指在地面将枝条压入土壤或容器中，空中压条是将枝条压入固定在空中的容器中。根据对枝条的处理方式，压条繁殖又有直立压条、水平压条和曲枝压条之分。

葡萄压条繁殖苗木，与母体不分离，成活率高，苗木生长快，健壮，能培育出大苗；一般也不需要设施设备投资；压条主要用于扦插不易生根的葡萄品种。同样，压条与母体不分离，就要夺取母株营养，影响母株的生长与结果；还必须要有可供压条的枝蔓。

• 水平压条。水平压条是葡萄快速繁殖的方法之一，因为通过压条每一节都可长成一独立的植株，繁殖系数高，用当年新梢压条比用一年生成熟枝条压条出苗率更高。

• 直立压条。春季萌芽前直立压条，1 根枝条只能压为 1 棵，繁殖系数低；生长季直立压条操作和管理比较费事。当然，作为观赏盆栽、提高经济效益，是一种快捷、有效的好方法。

• 曲枝压条。曲枝压条优缺点和直立压条差不多，葡萄填补缺株利用曲枝压条最快速、简便。

（4）实生育苗

利用种子播种培育苗木的方法叫实生繁殖，实生繁殖为有性繁殖，利用种子繁殖的苗木叫实生苗。实生苗主要作为砧木培育嫁接苗。

（5）嫁接育苗

嫁接苗主要是利用砧木的抗寒、抗病等特性，增强优良品种抗性和适应能力，扩大栽培范围。培育嫁接苗，首先要培育实生苗或扦插苗等自根苗，或直接利用枝条作砧木，再进行嫁接，嫁接后需要继续培养，过程比较繁琐。

（6）组织培养育苗

所谓组织培养，是指在实验室无菌条件下，将葡萄某一器官或组织接种到试管里的人工培养基上，使之分化，长成完整植株的技术，组织培养也叫离体繁殖。

组织培养的特点：一是可以得到无病毒苗。果树普遍带有病毒，病毒终生持久危害果树。果树感染病毒病后，尚无有效的治愈办法，只能采取预防措施，控制病害的蔓延。实现果树

无病毒栽培的唯一有效途径是栽培无病毒苗木。所谓无病毒苗是指不带有已知病毒和特定病毒的苗木。通过组织培养获得无病毒苗是防治病毒病的主要措施。二是组织培养繁殖速度快，能在短期内繁殖出大量品种纯正的苗。从理论上讲，一年内一个分生组织可获得几万到几十万株优质苗，这样就可以迅速提供种苗和更新品种。三是组织培养不占用土地，不受环境影响全年进行，可进行工厂化生产。四是需要实验室、设备、药品等，比其它方法麻烦。

3. 葡萄枝条为什么能生根?

葡萄枝条能生根是葡萄自身的一种特性。究其原因，是因为葡萄枝条具有再生能力。所谓再生能力是指植物的一部分器官能重新分化发育成一个新的个体的特性。当枝条扦插后，能在伤面形成愈合组织，并在附近产生不定根。而愈伤组织除有保护伤口、避免养分和水分流失外，与不定根的发生并无直接关系。不定根主要由根原基的分生组织分化而来。葡萄的根原基主要从中柱鞘与髓射线交界部分的细胞产生，这些细胞恢复分裂能力，形成根原体，进而产生不定根。枝条节部的根原基多，容易发根，是不定根形成的主要部位，所以剪插条时，要自节附近剪断。枝条产生了不定根，芽再萌发，就能形成完整的植株。

相反，葡萄根不容易形成不定芽，所以就不能用根插来培育葡萄苗。而有的果树如枣，枝条不容易产生不定根，一般不用枝条扦插繁殖苗木；但根容易产生不定芽，长出地面就成根蘖苗，连根挖出就是一完整植株。

枝条生根受多种因素影响，不同品种的再生能力不同，不易生根的品种可用嫁接繁殖；幼龄树、1 年生枝再生能力强，所以采集幼树或壮年母树的 1 年生枝，扦插成活率高；枝条生长良好，发育充实，木质化程度高，贮存营养丰富，再生能力强，枝条的中部，生长健壮，发育充实，芽体饱满，贮存营养丰富，生活力强，生根比较容易，扦插成活率高；枝条的节处营养和生长素集中容易生根，剪截插条时，要自节附近剪断；营养物质、激素、维生素等都影响扦插发根，因此可以用植物生长调节剂等进行处理；扦插生根需要一定的温度、湿度、光照、通气等条件，所以扦插要选择通气良好、保水性强的土壤和基质，要进行加热催根。

另外，枝条具有极性，即枝条总是在其形态顶端抽生新梢，在其形态下端发生新根。因此，扦插时特别注意不要倒插（图1-13）。

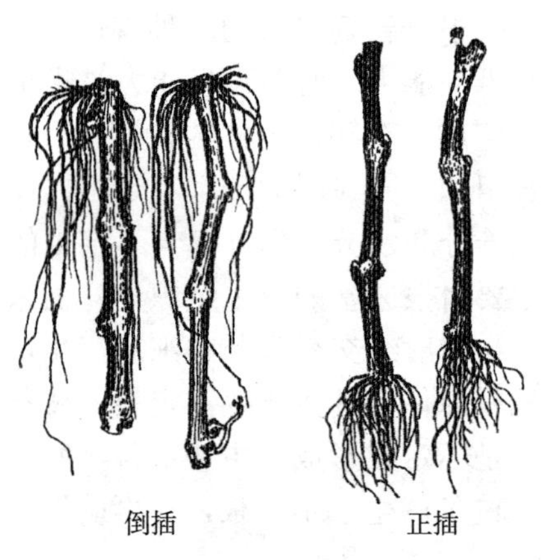

图 1-13　葡萄插条扦插的极性现象

插条发生不定根和形成愈伤组织同步，愈伤组织对于防止病菌入侵，使伤口不致腐烂，营养物质不致流失有重要作用，从而为发根创造良好条件。因此扦插时适当损伤插条，可以形成愈伤组织，有利于发根。

4. 葡萄硬枝扦插为什么要先催根?

葡萄扦插先进行催根是因为只有先长出根，同时或之后发

芽，才能保证苗木成活。如果插条未生根，不能主动吸收水分和营养，插条顶芽萌发后生长的新梢就成为“无根之木”，水分和矿物营养供应不畅，当插条本身贮藏的水分和营养消耗殆尽时插条就会枯死。影响葡萄扦插成活的关键在于葡萄茎上能否形成根，即不定根。

葡萄芽眼萌发温度与发根温度不一致，发根要求温度较高，萌芽要求温度较低。葡萄茎的不定根由中柱鞘与髓射线交界部位的细胞分裂形成，它要求一定的温度、湿度和通气条件。插条发根最适的土温为20～25℃，一般10～20天即可生根；在30～32℃条件下发根速度最快，6～7天幼根即可发出，但高温下形成不定根的数量比温度稍低条件下少得多，同时形成的愈合组织也不充实，影响插条从土壤中吸取水分和养分；在10～15℃条件下，需40～50天才能形成不定根。因此，生产上一般应用25℃左右的温度进行插条催根。温度在10℃以上时芽眼很快就会萌发，15℃以上时萌发的芽能正常生长。葡萄加温催根处理的目的就是要提高插条基部的温度促使发根，使插条基部产生不定根的幼小组织和形成愈伤组织，而插条顶部保持10℃以下的温度，抑制芽眼萌发，使扦插后萌芽和发根同时进行，从而提高扦插成活率。

另外，葡萄插条生根以枝条含水量40%～50%为好，土壤含水量最好稳定在田间最大持水量的50%～60%，空气湿度则越大越好。土壤中氧的浓度在15%以上时发根较好，当氧浓度降至2%时几乎看不到发根。因此，进行插条催根处理应选用既保温、保湿，又通气的基质，一般采用锯末、蛭石、泥炭和河沙等。

5. 葡萄全光喷雾扦插育苗的原理是什么?

葡萄全光喷雾满足了扦插生根、萌芽所需的营养、激素等内部条件和温度、湿度、光照、通气等外部条件，主要是较好地解决了光和水的矛盾，是绿枝扦插育苗的好方法。全光照射，叶片照常进行光合作用等生理活动，制造营养和激素等，供扦插生根、萌芽之需；由于蒸腾作用，离体新梢叶片会很快失水萎蔫，喷雾又使插条周围空气湿度处于饱和状态，叶片不会发生失水；随时喷雾，保证了空气湿度和基质湿度，石子、粗砂、基质又不至使插条基部集水，保障通气；温度可以通过喷雾调节。

全光喷雾系统的工作原理是，喷头在喷雾的同时，依靠水的压力产生的反作用力，推动固定喷头的喷杆转动，使整个苗床喷雾；喷雾落到插条叶片上的同时，也落到安装在苗床上的电子叶上，电子叶上布满水后，信息会传到自控仪，这时喷雾停止，当电子叶失水到一定程度，信息又会传到自控仪，喷雾自动开启。

6. 葡萄种子为什么要进行层积处理？

葡萄种子进行层积处理就是为了解除休眠。所谓层积处理，是将果树种子和湿润基质混合或相间放置，在适宜的条件下，使种子完成后熟，解除休眠的措施。

休眠是指有生命力的种子，由于内、外条件的影响而不能发芽的现象。种子成熟后，其内部存在妨碍发芽的因素时处于休眠状态，称为自然休眠。形态上成熟的种子，萌芽前内部进行能导致种子萌发的生理变化叫后熟作用。通过休眠或后熟的种子，由于环境条件不适宜仍处于休眠状态，称为被迫休眠。

落叶果树的种子必须通过自然休眠才能在适宜条件下萌芽。生产上使种子完成后熟的方法，一是秋季播种，种子在田间自然条件下通过休眠；二是春季播种，播种前需进行人工处理，最常用的方法是层积处理。

7. 葡萄嫁接为什么能够成活？

葡萄嫁接能够成活是因为砧木与接穗完全接合在了一起。

嫁接后，砧木与接穗的形成层紧密地对接在一起，在适宜的温度和湿度条件下，由于愈伤激素的作用，使接穗与砧木伤口处形成层部位的细胞大量增殖，产生新的薄壁细胞，分别包围砧、穗原来的形成层，很快使两者相互融合在一起，形成愈伤组织，砧木和接穗愈伤组织内的薄壁细胞相互连接，成为一体。此后，薄壁细胞进一步分化成新的形成层细胞，与砧、穗原来的形成层相连接，并产生新的维管束组织，沟通砧穗双方木质部的导管和韧皮部的筛管，水分和养分得以相互交流，这样嫁接成活了。愈伤组织外部的细胞分化成新的栓皮细胞，与砧、穗栓皮细胞相连，两者愈合成为一新植株。这就是嫁接成活的过程。

嫁接是否能够成活，还受诸多因素的影响。

①嫁接亲和力。砧木与接穗的亲和力是决定嫁接成活的主要因素。亲和力指砧木与接穗结合之后能否成活和正常生长发育的能力。砧、穗嫁接之后，能够成活，并能正常地生长结实，就是亲和力强的表现；如果嫁接不能成活，或虽能成活但生长发育不良，都属嫁接不亲和或亲和力弱的表现。造成亲合力的原因是砧木和接穗在组织结构、生理及遗传特性等方面差异程度的大小。差异愈大，亲合力愈弱，成活愈难。所以，亲合力与植物亲缘关系远近有关。一般亲缘关系愈近，亲合力愈强，愈易成活。

②生理与生化特性。根压大的果树，如葡萄等，春季根系开始活动后，地上部有伤口的地方会出现伤流。这类果树春季嫁接，因伤流而影响成活，宜在夏秋季芽接或绿枝接。因此，应选择适宜的嫁接时期和相应的嫁接方法，以及提高嫁接速度，可促进成活。

③枝条的极性。所谓极性是指一根枝条总是在其形态顶端抽生新梢，在其形态下端发生新根。嫁接时，必须保持砧木与接穗极性顺序的一致性，也就是接穗的基端（下端）与砧木的顶端（上端）对接，芽接也要顺应极性方向。这样才能愈合良

好，正常生长。

④环境条件。嫁接成活与温度、湿度、光照、空气等环境条件有关。一般温度在20～25℃范围内，湿度在95%以上时，有利嫁接伤口愈合。因此，嫁接伤口要注意保温、保湿，通常以采用塑料薄膜包扎较好。强光直射会抑制愈伤组织的产生，黑暗能促进愈合，嫁接后套塑料袋不但能防止强光直射，也有利增温保湿。

⑤嫁接技术。嫁接技术水平的高低不但影响工作效率，更重要的是关系到嫁接成败。嫁接要严格按照技术要求进行操作。关键是砧木、接穗削面要平整光滑；形成层对齐、密接；绑扎严紧。操作过程要迅速、准确，否则削面易风干，形成隔离层，难以愈合。

二、葡萄建园技术

（一）葡萄建园关键技术

1. 葡萄园栽植区怎么规划设计？

葡萄园栽植区规划设计关键是小区面积、形状和方位的规划设计。

栽植区是葡萄生产的基地，是园地设计的主体。栽植区划分为若干小区，小区组成大区，所以小区是葡萄生产的基本单位。小区划分的原则是：一个小区内的土壤、气候、光照条件大体一致；便于防止葡萄园土壤的侵蚀；便于防止葡萄园的风害；有利于葡萄园中的运输和机械化；符合实际，综合安排，其面积、形状和方位应与当地的地形、土壤、气候特点相适应，结合路、沟、林的设计，以便于耕作和经营管理为度。

• 小型葡萄园。全园就是一个小区。

• 大型葡萄园。可划分若干小区，几个小区组成大区。土壤等条件较一致的葡萄园，小区面积可以相等也可不等，一般小区面积为1000～2000米^{2}至80000～120000米^2，机械化程度高、土地平整的可以大些，否则小些。小区的形状以长方形为好，长宽之比为2～5：1为宜，宽度一般即为葡萄行的长度，一般不超过100米。平地篱架栽培，宜南北行向，植株两面受光均匀；倾斜棚架架面朝南为好，东西行，一则受光好，二则与生长季主风向（多东南风）基本垂直，减轻风害（图2-1）。

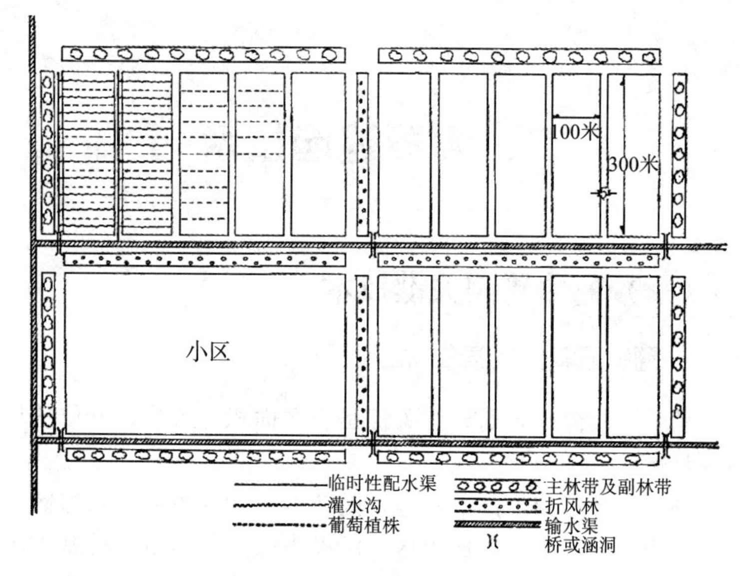

图 2-1　平地葡萄园规划模式图

2. 葡萄园道路系统怎么规划设计?

葡萄园道路系统规划设计的关键是道路的布局。

为便于运输，果园要设计道路系统。道路的布局应与大区、小区、排灌系统、配套设施、防护林等相协调。在合理、便捷的前提下，道路设计要尽量缩短距离，以减少用地，降低投资。

• 面积在 66667 米^{2}以上的葡萄园。面积在 66667 米^{2}以上的大型葡萄园应设置大路、中路和小路；66667 米^{2}以下的果园可设一条中路或中路和小路。小路要求能过小型拖拉机，宽 2～3 米；也可不设，而用葡萄行间空间代替。中路连接大路和小路，宽 4～6 米，能通汽车，是小区或大区的分界线。大路宽 6～8 米，能保证两辆汽车对开或会车，大路也可以窄些，而在大路的适当地段设一圆盘环形路，以便车辆调头。大路与园外的公路相通，顺公路两侧的果园可以不设大路。

• 面积在 66667 米^{2}以下的葡萄园。面积在 66667 米^{2}以下的葡萄园可设一条中路或中路和小路。小型葡萄园可只设环园路，或中路，或边路。

3. 葡萄园灌溉系统怎么规划设计?

葡萄园灌溉系统规划设计的关键是确定灌溉方式，进而进行规划设计。

灌溉系统有地面明沟灌溉、地下渗灌、地上喷灌和滴灌等方式。不同的灌溉方式其设计要求、工程造价、占用土地、节水功能及灌溉效应等，差异很大，规划时应根据具体情况而定。

• 明渠灌溉。明渠灌溉为传统地面灌溉方式，建设投资小，供水及时，能尽快消除旱情；但需要占用一定的土地，投入大量劳力，水资源浪费大，易引起土壤板结，迅速降低地温。灌溉系统要尽可能缩短渠道长度，以省地、省工、省水。

大型葡萄园明渠灌溉，应设干渠和支渠。干渠将水引到园边，支渠连接干渠和灌溉沟。渠道的深浅与宽窄应根据水的流量而定，渠道应保持 0.1%～0.3%的比降，并设立在稍高处，以便引水灌溉。渠道的分布应与道路、防护林等规划结合，使路、渠、林配套（图 2-1）。传统的明沟灌溉在输水过程中土壤渗漏和地表蒸发等，使水分浪费严重，所以要搞好渠道防渗工程。

明沟灌溉的改进是塑料带输水灌溉，输水过程中防止土壤渗漏和地表蒸发，属于节水灌溉。

• 渗灌。为地下灌溉，是利用埋设在地下的多孔管道，将水引入田间，借毛细管作用由下向上湿润果树根层土壤的一种灌溉方式。渗灌能保持表土疏松，减少蒸发，节约渠道占地，便于耕作，灌水与其它农事操作可同时进行；不足之处是造价高，检修难，在透水性好的土壤中，渗漏损失大。

渗灌系统由输水和渗水两组成部分。输水部分连接水源，并将灌溉水输送到葡萄园的渗水部分。输水部分可以是明渠，也可以做是输水管道。渗水部分是由埋设在田间的管道组成，灌溉水通过这些管道渗入土壤。渗灌的技术要素主要包括透水管道的埋设深度、管道间距、管道长度和坡度等。在缺乏资料的情况下设计渗灌系统时，对上述各要素进行必要的试验，或借用类似地区的资料。我国各地一般管道埋设深度为40～60厘米，管道间距为葡萄行距，管道长度为葡萄行长度。渗水管一般用直经17～20毫米的塑料管道，在两侧或上部钻直径1～1.2毫米的孔眼，眼距0.5～1米。渗水管道的末端铺埋时需露出地面，用封口套头套住。渗灌系统也可利用移动式软管，在土壤表面临时铺设，在通过树盘的管道钻孔渗水。

• 喷灌。是将水输入管道，从管道喷嘴中喷向空中，变成水滴洒落到果树和地面上的灌溉方式。喷灌较地面灌溉节约用水50%以上，不破坏土壤结构，可调节果园小气候。但喷灌设备投资较大。喷灌系统组成包括供水枢纽（取水、加压、控制系统、过滤和混肥装置）、输水管道和喷嘴三个主要部分。喷灌的输水管道有固定与移动式两种。固定管道按干管、支管和毛管三级设置，毛管分布于果树行间土壤内，每隔一定距离接出地面，安装喷嘴，为保证出水均匀，还要安装减压阀与排气阀。喷灌强度应小于土壤入渗速度，以免地表积水和产生径流，引起土壤板结或冲刷。喷灌水滴尽量要小，防止对果实和叶片造成损伤，以及破坏土壤团粒结构。

• 滴灌。是利用低压管道将水送到树下，由滴头将水一滴一滴地浸润根系范围土壤。滴灌比喷灌省水约50%，对土壤结构无破坏作用，可维持稳定的土壤水分，对苹果生长发育有利。但造价较高，管道及滴头容易堵塞，在冬季结冻期不便使用。滴灌系统组成包括首部枢纽（水泵、过滤器、混肥装置等）、输水管网（干、支、分支、毛管）和滴头。干管直经80毫米左右，支管直经40毫米，分支管细于支管，毛管10毫米左右。

在毛管上每隔70厘米左右（也可按葡萄株距）安装一滴头。水源通过加压、过滤，还可以掺入易溶于水的肥料或农药，经过系统进入田间。

4. 葡萄园排水系统怎么规划设计？

葡萄园排水系统规划设计的关键是确定排水方式，进而进行规划设计。

排水的作用在于减少土壤中过多的水分，增加土壤中空气含量，防止果树根系受害。果园的排水方式主要有明沟排水与暗沟排水两种。

• 明沟排水。排水系统主要由园外或贯穿园内的排水干沟，区间的排水支沟和小区内的排水沟组成。各级排水沟相互连接，干沟的末端有出水口，便于将水顺利排出园外。小区内的排水小沟一般深度50～80厘米；排水支沟深100厘米左右；排水干沟深120～150厘米为宜，使地下水位降到100～120厘米以下。盐碱地果园，为防止土壤返盐，各级排水沟应适当加深。

• 暗沟排水。是在地下埋没瓦管管道或其它材料（石砾、竹筒、秸秆等），构成排水系统。此法不占地面，不影响耕作，唯造价较高。

5. 葡萄园配套设施怎么规划设计？

葡萄园配套设施规划设计的关键是确定配套设施的种类、数量、规模、位置。

葡萄园内的配套设施，主要有管理用房、宿舍、库房（农药、肥料、工具、机械库、果品贮藏库等）、包装场、晒场、机井、蓄水池、药池、沼气池、加工厂、饲养场和积肥场地等。这些设施在大型果园中是不可缺少的，而一般面积较小的果园，不必要设置过多。配套设施应根据果园规模，生产、生活需要，交通和水电供应条件等进行合理规划设计。通常管理用房建在果园中心位置；包装与堆贮场应设在交通方便相对适中的地方；贮藏库设在阴凉背风连接干路处；农药库设在避背安全的地方；配药池应设在水源方便处；饲养场应远离办公和生活区。

6. 葡萄园防护林怎么规划设计？

葡萄园防护林规划设计的关键是确定防护林的类型、树种及其数量。

（1）防护林的类型

防护林有三种类型，规划设计时根据具体情况确定防护林的类型。

- 一是紧密型林带。由乔木、亚乔木和灌木组成，林带上下密闭，透风能力差，风速 3～4 米/秒的气流很少透过，透风系数小于 0.3。在迎风面形成高气压，迫使气流上升，跨过林带的上部后，迅速下降恢复原来的速度，因而防护距离较短，但在防护范围内的效果较大。在林缘附近易形成高大的雪堆或沙堆。
- 二是稀疏型林带。由乔木和灌木组成，林带松散稀疏，风速 3～4 米/秒的气流可以部分通过林带，方向不改变，透风系数为 0.3～0.5。背风面风速最小区出现在林高的 3～5 倍处。
- 三是透风型林带。一般由乔木构成，林带下部（高1.5～2 米处）有很大空隙透风，透风系数为 0.5～0.7。背风面最小风速区为林高的 5～10 倍处。一般认为果园的防护林以营造稀疏型或透风型为好。在平地防护林可使树高 20～25 倍的距离内的风速降低一半。在山谷、坡地上部设紧密型林带，而坡下部设透风或稀疏林带，可及时排除冷空气，防止霜冻为害。

（2）防护林树种的要求

防护林树种的要求是速生、高大、发芽早、枝叶繁茂，防风效果好；适应性强，与果树无共同的病虫害；根蘖少，不串

根，与果树争夺养分的矛盾小；具有一定的经济价值；常绿能美化环境。总之，要就地取材，增加收益，达到以园养园的目的。可选用的防护林树种，乔木如杨，柳、榆、刺槐、侧柏、黑松、楝、椿、泡桐、山楂、枣、柿等；灌木有紫穗槐、杞柳、柽柳、花椒、构橘、白腊等。

（3）防护林的设置

平地、沙滩地果园，应营造防风固沙林。一般在果园四周栽 2～4 行高大乔木，迎风面设置一条较宽的主林带，方向与主风向垂直。通常由 5～7 行树组成。主林带间距 300～400 米。为了增强林带的防风效果，与主林带垂直营造副林带，由 2～5 行树组成，带距 300～600 米。

在果园规划设计中，为经济利用土地，须将小区、道路系统、排灌系统、防护林、建筑物等综合规划，全面安排（图 2-1）。

7. 怎么选择葡萄品种?

选择葡萄品种的关键是根据生物学特性和当地土壤气候等条件、栽培方式、栽培目标、栽培面积等选择适宜的品种

（1）根据生物学特性和当地土壤气候等条件选择

我国栽培的葡萄品种有上百个，新品种层出不穷，每个品种都有着不同的特性，而优良性状的发挥需要适宜的条件。从发挥葡萄最佳特性的角度考虑，应该选择最适合当地条件的品种。只有这样，品种优良特性才能得到最为充分的发挥。

根据生物学特性和当地土壤气候等条件选择，当地原产和已经栽培成功的品种最可靠。引进新品种，要了解其生长结果习性、适应性、抗性与当地土壤气候等条件是否吻合。

（2）根据栽培方式选择

露地栽培和保护地栽培品种要求不同，露地栽培选择比较容易，保护地不同栽培类型对品种的要求不同。

①露地栽培。品种要求一般为优质、丰产、稳产，结果早，适应性强，抗逆性、抗病性强。

②促早栽培。保护地促早栽培，品种应选择需冷量低、耐弱光、花芽容易形成、坐果率高、散射光着色良好、果实生长发育期短的早熟、极早熟品种。适合这一条件的优良品种有维多利亚、夏黑无核、早黑宝、京蜜、瑞都香玉、矢富罗莎等。保护地促早栽培一般不适宜选用中熟或晚熟品种。但在早熟品种大面积栽培地区，适当地选择一些有特色的中熟品种，利用产量及大粒、大穗等特色优势，也不失是一种较好的尝试。

③延迟栽培。利用日光温室或塑料大棚等进行延迟栽培，是指利用晚熟品种推迟各发育期以延迟果实采收期，在较为寒冷季节成熟，获得较高经济效益的一种新兴的栽培方式，可选择晚熟、极晚熟的优良品种，如红地球、圣诞玫瑰、秋黑、红宝石无核、红意大利等。

④避雨栽培。避雨栽培由于采取了避雨措施，植株基本不与外界雨水直接接触，其生长发育的环境得到改善，如果田间排水设施配套完整，达到有计划的水分供应，一些在露地栽培时有裂果倾向的优良品种也可以在避雨栽培条件下得到充分使用，以发挥其品质优异的特点，产品供应高端市场，获得较高的经济收益，如香妃、郑州早玉、乍娜等。一些在露地情况下不容易种植成功的、有突出特色的品种可成功种植，如美人指等。

(3) 根据栽培目标选择

栽培目标或目的主要是两个：鲜食和加工。

①鲜食。人们对鲜食葡萄的要求是穗大，粒大而均匀整齐，色漂亮肉厚质脆，汁多，种子少或无，甜酸适中口感好，耐贮运。

我国是农业大国，农村人口占总人口的大多数，是一个巨大的消费市场，尤其是近些年来农村面貌得到了较大的改善，

农民的购买力得到很大提高。如果打算将来的葡萄销售到农村市场，就要针对农村的具体情况选择品种，可采取产量优先的策略，选择丰产性好、便于管理、抗病性强的品种。早熟品种如维多利亚、京亚、8611、粉红亚都蜜、87-1、早黑宝等；中熟品种如巨峰、藤稔、巨玫瑰、户太8号等；晚熟品种如摩尔多瓦、圣诞玫瑰、红宝石无核、秋黑、瑞必尔等。

鲜食以富裕人群和采摘观光为销售目标。以供应富裕人群为目标时，应以优质高效为生产目标较为合适，优先发展品质优异的品种。早熟品种如香妃、京蜜、奥古斯特、郑州早玉、超宝、夏黑等；中熟品种如醉金香、巨玫瑰、玫瑰香、金手指、巨峰、森田尼无核、黎明无核等；晚熟优质品种如魏可、意大利、圣诞玫瑰等。以观光采摘为目标时，除了注意选择上述这些品质优异的品种以外，还要注意选用果实外观奇特的品种，以满足部分旅游者的猎奇心理，如美人指、紫地球、红地球、藤稔、黑大粒等。为满足观光客不同时期、不同类型消费者的需求，品种选择尽可能要丰富一些，要求红色、黑色、绿色品种搭配，早、中、晚熟搭配，无核与普通品种搭配。注意选择一些带有香味的品种，种植时也可以将品种按香味特征区分种植，以体现出种植者的欣赏水平，更好地满足消费者的需求。如具有玫瑰香味的品种有香妃、巨玫瑰、醉金香、玫瑰香等；具有草莓香味的品种有巨峰系品种等。

②加工。鲜食之外酿酒、制汁、制罐头、制干都属于加工。酿酒用的葡萄应具有丰富的果汁，红色品种富含色素、白色品种为无色透明清绿，出汁率高，有清香或浓香，含糖量高（17度以上），糖酸比适中，果梗果粒易分离。制汁用的葡萄应是含糖量较高，甜酸适口，出汁率高，颜色鲜红或清澈。做罐头的葡萄，应果粒中等大小，整齐均匀，核小或无核，果皮薄而坚韧不易破裂。制干葡萄必须含糖量高，含酸少，果肉肥厚，无核，干制后果皮绉纹细密，透明。加工品种种植最好与企业合

作，作为它们的基地，品种也要符合企业的要求。

(4) 根据栽培面积选择

栽培面积也是影响品种选择的重要原因。中熟品种巨峰在我国的种植面积处于绝对优势地位，据统计，占我国葡萄栽培面积的50%左右。排在第二位的是红地球，约占总面积的20%。由葡萄果品销售市场可以看出，当夏季早熟品种刚上市时，市场价格比较高，随着上市葡萄数量的不断增加而逐渐降低，直到中熟品种巨峰上市时，葡萄价格基本降到一年中的最便宜的时期，而后又开始回升，到国庆节与中秋节前夕达到一个价格高峰。这一价格规律在全国许多葡萄销售市场均可见到。由于上述的价格规律，所以当葡萄成熟时，早熟品种要及时清园、提早销售完毕以获得较高的收益。而晚熟品种则可以慢慢销售，因为随着时间的推迟价格还可能会不断上升。因此，葡萄种植面积较大时，要尽可能多的选择晚熟品种，根据具体情况其比例可以掌握在70%左右，早熟品种在20%左右，中熟品种不种或少种，比例可掌握在5%～10%左右。如果种植面积较少，可选择单一的早熟或晚熟品种。当面积较大时，还要考虑到品种的贮运性，以吸引中间商采购。

(5) 兼顾葡萄产业发展方向

葡萄是多年生植物，一年栽树，多年受益。葡萄一旦栽植起码也要生长结果10～20年，这就要求我们在选择品种时，要兼顾到今后葡萄产业的发展方向，做到所种植的品种今后若干年内不落后。

①优质化。葡萄优质栽培是今后葡萄产业发展的方向，这是由国内外市场决定的。在各地葡萄市场，优质葡萄与一般葡萄存在着明显的差价，在消费水平高的地区表现得更为明显，而且随着时间的推移，这种差距会越来越大。随着人们生活水平的不断提高，人们对葡萄果品质量的要求也越来越严格，不

仅要求果品含糖量要高，而且要求有一定的香味。因此，除选择优良品种外，还要从生产角度加强管理，主要手段包括多施用有机肥料、限产栽培、成熟期控制水分供应、适时采收等，使之更好地发挥品种的优质特性。优质化应作为葡萄生产的第一目标。

②无核化。无核葡萄是今后的发展方向之一。无核葡萄之所以受到消费者的欢迎，好大程度上是因为这些品种不仅无核，食用方便，而且品质优异。无核葡萄在国际市场上占有重要位置，在智利等一些葡萄种植大国，葡萄主要以无核品种为主。因此，我们要十分重视无核葡萄的发展。目前大部分无核葡萄品种果粒较小，一般在5～6克，有些因为果粒太小（如夏黑无核）而必须进行激素处理才能达到理想的效果，在选择时这一因素应加以考虑。

葡萄每个品种都有其优点和缺点，没有一个十全十美的品种。因此，我们在选择葡萄品种时，对每个品种要进行综合地、客观地评价，以优质化为根本出发点，优先选择具有优良品质的品种，针对其存在的缺点，通过加强田间管理加以改善，使之变得更为优良。

8. 怎么配置葡萄品种?

所谓品种配置就是把不同的品种落实到不同的地块或小区。品种配置与树种的配置一样，原则是因地制宜，地尽其力。

不同类型葡萄园品种配置不同。小型葡萄园，或专用品种生产如生产单一酿酒、制干品种，或为了便于管理和一次性处理产品，一般就是种植一个品种。大型葡萄园、观光葡萄园等可能种植较多的品种。

就土壤而论，喜肥水、长势弱的品种宜种植在肥沃土壤，肥水条件好的地段。在山地，为延长供应期，可将不同成熟期的品种配置在不同的高度，使成熟期有先有后；还可以把同一品种配置在不同的高度，使成熟期错开，延长品种供应期。从管理和经济效益考虑，一个小区一般配置一个品种。根据观光果园的特点，通过品种成熟期配置控制采摘期，可以达到观光采摘所要求的品种类型多样化，品种配置要合理，使观光采摘和尚未成熟的品种互不影响。

9. 怎么确定葡萄栽植行向？

葡萄栽植的行向应根据架式、地形、风向、光照等因素确定，主要是架面光照情况。

平地葡萄园，倾斜式或水平式棚架葡萄，应以东西行向，葡萄蔓由南向北爬为好。东西行向使葡萄植株日照时间长，光照强度大，光合效应高。因地形或适应机械化作业的需要，其行向也可南北走向，葡萄蔓在棚架面上由西向东爬，以防春天西南季节风吹断新梢。

屋脊式棚架，应采用南北行，东西对爬葡萄蔓，互相少遮阴。

立架式葡萄，通常采用南北行向，行间空间大，立架面受光量多，架面之间遮光影响少。如用东西行向，南排架面遮北排立架面的光，对葡萄的丰产优质很不利。

山地葡萄园，行向应和等高线平行。棚架的葡萄蔓可向山上爬架。

一般庭院多为平地，采用棚架时多以东西行向为好，使葡萄枝蔓往北爬。这样，架面可以接受东、南、西三方面的光照，日照时间长，光照强度大，有利于葡萄的生长发育，并能提高果品产量和质量。如果采用篱架栽培，应以南北行向栽植，利用东西两侧的光照，互相遮荫的时间较短。对少量栽培的农户，当然可以根据庭院的具体条件而灵活选择行向和架式。

10. 怎么确定葡萄栽植密度?

葡萄栽植密度要根据气候、品种、立地条件、架式和整枝形式、栽培习惯等来确定。

(1) 气候条件

越冬防寒埋土地区行距要大，不需埋土的行距则小。在冬季防寒的地区，行距的确定主要根据行间能取足防寒土，使植株安全越冬。一般安全行距，最低要求是防寒土堆宽度的2倍左右，篱架1.5～3米，棚架5～15米。

(2) 品种特性

树势强旺的品种栽植距离大，长势弱的品种栽植距离小。计划密植建园时栽植距离小，以后逐渐间伐间移。长势旺的品种可以采用大型整枝及棚架栽培。

(3) 架式和整枝形式

棚架行距大，篱架行距小，行距在4米以上可用棚架，大型整枝，栽植距离大，反之则小。扇形整枝和棚架龙干形整枝，根据主蔓数量确定株距，一般0.5米1个主蔓，株距0.5～2.5米，篱架龙干形整枝（水平形）根据龙干长度（水平臂长）确定株距，龙干多长，株距多大。

(4) 管理水平

土壤肥沃，土肥水管理水平高，则树体大，株距可大些，反之则小。随着栽培技术的发展，栽培的集约化程度在提高，栽植株数也在增加，一般为露地栽培266～444株/666.7米^2，保护地栽培1000株/666.7米^{2}左右，最多达1400多株。

确定密度时应抓住主要矛盾，兼顾其他因素。常见栽植密度主要根据架式确定（表2-1）。

表 2-1 葡萄栽植密度

架式	株距（米）	行距（米）	666.7 米^{2}株数
单篱架	0.5～2	1.5～3	111～444
双篱架	1～2	1.5～3.5	95～444
棚篱架	1～2	2～4	83～333
小棚架	1～2	4～6	55～166
大棚架	1～2	7～15	22～95

11. 葡萄栽植的关键技术有哪些?

葡萄栽植的关键技术包括确定栽植时间，准备苗木、肥料和土壤，苗木栽植。

（1）确定栽植时间

栽植时间根据葡萄生长特点和当地气候条件而定。

• 栽植裸根苗。裸根苗不带土，一般在落叶后到休眠期进行，这时苗木处于休眠状态，体内贮藏养分丰富，水分蒸发少，根系容易恢复，栽后成活率高。通常栽植有秋季和春季两个时期。较为温暖的地区秋栽春栽均可，从有利于伤口愈合、促进新根生长看以秋栽为好；冬季严寒地区以春栽为宜。秋栽在葡萄落叶前后，10 月中下旬进行。北方一般以春栽为主，由于各地气温回升快慢不同，栽植时间差别较大，以 20 厘米土温达到 10℃以上，而晚霜刚结束时最为适宜。

• 栽植绿苗。带叶片的绿苗为容器苗，栽植不影响根系，只要气候适宜什么时候栽植都行，主要看建园需要，但要保证当年枝蔓成熟。

（2）苗木、肥料和土壤准备

①苗木准备。无论是自育苗木，还是购入苗木，必须保证优质苗木建园。按照分级，不同级别苗木分片定植，以便于管理。进行苗木修剪，粗根一般剪留 20 厘米左右，剪去病虫、过

长、畸形的根，受伤的粗根修剪平滑，利于愈合和生长，地上部剪去枯枝、病虫枝、残桩，剪留长度以栽后地表露出 2～4 个饱满芽眼为度。春栽的苗木可在入冬前起苗，假植于沟土内，以湿河沙埋藏，要防冻、防干、防湿。栽前适当修剪然后浸水一昼夜，根系最好蘸上泥浆，苗干用 5 波美度石硫合剂加 0.3%～0.5%五氯酚钠溶液消毒。

②肥料准备。肥料包括有机质、有机肥、无机肥等。有机质如作物秸秆、枯枝烂叶、酵素菌肥等。有机肥如鸡粪、猪粪、羊粪、豆饼、花生饼等，每 666.7 米^2 3000～5000 千克。无机肥如尿素、过磷酸钙、钙镁磷肥等，每 666.7 米^2 钙镁磷肥 200 千克，尿素 100 千克。所用肥料备足，栽前运入园内。

③土壤准备。栽植前整平地面，修好道路和渠道等。改良土壤，山地修筑梯田，盐碱地修台田，沙土地压土掺土，黏土地掺沙、换土，造就葡萄生长良好的土壤环境。有条件的可全园深翻 60～80 厘米，施有机肥，熟化土壤，栽树时不必再挖沟。

(3) 栽植方法步骤

苗木定植的方法步骤是：测定植行—挖定植沟—填土施肥—灌沟—定植—浇水—覆盖地膜。

①测定植行。根据地形，确定边行树的位置，并作上记号，以边行为基线按行距要求，依次平移找出其余各行的位置，并作出记号。一般南北行栽植，行向垂直于东西向道路或地边，或平行于南北向道路或地边。

②挖定植沟。在已确定的树行开挖定植沟，宽、深各 0.8～1 米。表土与心土分别放置，沟壁挖平直。全园深翻的不用再挖。

③填土施肥。先将有机物填入沟底，约厚 20 厘米，填入心土与其混合，中部 30～40 厘米的土壤与有机肥和钙镁磷肥混合，上部土壤与适量有机肥和尿素混合。填土后整平，两边

起垅。

④灌沟。定植沟填好后，浇灌大水，使土壤沉实，水渗下后，将沟再整平，然后栽树。

⑤定植。按距离要求，在定植沟的各定植点挖坑栽树，不同类型的苗定植分述如下：

• 一年生苗。坑大小以根系大小而定，一般坑深和直径各30～40厘米。坑的底部培成丘状，将苗木根系均匀分布在土丘上，同时前后左右对齐，然后填土。每填一层土都要踏实，并随时将苗木稍微上下提动，使土壤根系密接，直到填平，苗木露出地面2～3个芽。露出地面的枝条也可培土，高度以高出顶芽2～3厘米为宜，可防风、防抽干，待芽膨大后逐渐把土弄松或去土。栽好后，在离树50厘米处两边起垅，以便浇水和树盘管理。

• 当年生苗。栽前育成带叶片的苗进行定植，一般采用保护地提前催芽育苗。这样，对一些新品种可提前进行规模生产。栽植前，苗木要进行锻炼；以适应外界环境。栽植时间可在露地葡萄萌芽时，以防低温危害。栽植时，要带土，随出圃，随定植，叶片多时，可适当去掉部分。当年生苗，按带土坨大小挖定植穴，以原深度栽植。

• 一次定植。一次定植也就是扦插建园，将催了根的插条直接向大田定植，省去苗圃育苗阶段，可以达到当年苗标准。并因不再移植而伤根，无缓苗期，类似于栽当年生苗，第二年丰产。一般认为，扦插建园苗期占地多、管理不方便，但实践证明，对葡萄这种结果早的树种，效果不错。扦插建园的方法是：先对插条进行催根处理，在70%的插条生出幼根时，进行栽植，这和硬枝扦插育苗催根处理一样。也可推迟到根部已分生二级根或三级根时栽，这时根系较大，根质也较老化，栽时不易折伤。起苗后至栽植前，根部要保持湿润，栽植时要小心，勿折伤幼根。随起苗，随搬运，随定植，随浇水。定植穴大小

以根大小而定，深度以顶芽露出地面为宜。

⑥浇水。定植后立即浇水，要浇足浇透。

⑦覆盖地膜。水渗下后，将树盘整平，中耕，然后覆盖地膜。

12. 葡萄栽植当年管理的关键技术有哪些?

葡萄栽植当年管理主要是土肥水管理、树体管理、病虫害防治，看起来与一般果园管理差别不大，但有其特殊性。栽植当年葡萄不结果，根系、枝蔓也比较少，主要任务是促进根系和枝蔓的生长，为整形和来年产量奠定基础，生长旺盛的话，也可以着手整形，但促使结二次果比较困难，不过也有试验成功的典型。为了充分利用土地、增加收益，栽植当年还要考虑间作。

(1) 土肥水管理

①地面管理。一般实行一年内两头“清耕法”、中间“生草法”或“覆盖法”，可以根据具体情况选择。

• 两头清耕、中间生草或覆盖。葡萄定植后到雨季前，要勤中耕松土，保持园内无杂草。如果播种豆类作物时，葡萄苗周围至少要留出 100 厘米大小的范围的树盘，播种作物不能有爬藤、高杆品种，叶菜类在秋冬季也不要种。雨季地面生草，草太旺时可以刈草，草高不超过 30 厘米。也可用植物秸秆，如油菜壳、麦草、麦壳等，覆盖葡萄边际的地面。覆盖宽度不少于 2 米，厚度不低于 10 厘米。这样可维持土壤温度在高温时不会升得太高，保护葡萄根系的生长。到八九月份，秋施基肥前实行中耕。把杂草连根除掉，收拢一起，施基肥时一块翻在地下。11 月葡萄落叶后，小雪前后翻地，要求深 20～30 厘米，根际浅，沟边深。

• 地面覆盖。用地膜覆盖树盘。

• 使用除草剂。葡萄园尽量少用除草剂，或不用除草剂。

必须使用时只能选择“草甘膦”一类，使用浓度10%草甘磷用100倍左右，再加入0.2%尿素，以提高药效。雨季时再加入0.2%中性洗衣粉，提高黏着度。

②追肥。葡萄苗发芽后15～20天，葡萄新梢已长出3～5片叶时，而且长势正常才能施追肥。

施追肥要掌握“先稀后浓”“先少后多”“少吃多餐”的原则。在肥料种类上，6月底前以氮肥为主（尿素、人粪肥等）；7～8月份以复合肥加人粪尿为主；9～10月份在施基肥时加入适量尿素和过磷酸钙。

施追肥的方法是在葡萄苗根际边开半圆型浅沟，追肥后紧接复土，就是人粪尿也要开沟施。地干时接着浇水。

追肥时间一般自4月中下旬开始，每隔10～15天施用一次，全年8～10次。天好时可把尿素和水溶在一起浇灌。一开始每株小苗只能施15～20克尿素，每666.7米^{2}地在4千克左右。以后随苗势的强壮，长大，可逐渐增多，8～9月份每666.7米^{2}可施复合肥16～20千克。

③秋施基肥。施基肥时间在国庆节前后。肥料种类以发酵过的猪粪、牛粪、鸡粪等有机肥最好。每666.7米^{2}施有机肥3000～5000千克，过磷酸钙（如果是酸性土就用钙镁磷肥）100～150千克，过磷酸钙宜提早掺入有机肥一起沤制。施基肥方法是，离葡萄主蔓50厘米，挖条状沟。沟深50厘米，宽60厘米，土肥拌合均匀施入。施基肥后及时灌水。

④浇水。葡萄定植后要及时浇水切记“成活在水，壮树在肥”的原则。如果定植沟在种植前没浇过大水时，应在葡萄栽植后浇一次大水，使沟土沉实土块变细，土肥结合。浇大水后要及时中耕保墒。因为葡萄栽植后根系很浅，所以在发芽前后，只要有5～7天无雨，应浇水一次。浇水应结合松土，浇水前把葡萄根际边上的土层拉开，浇水渗透后复土。此方法北方果农称之为“偷浇水”，这种方法不易使土壤板结，是促进苗木成活

的好办法。生长后期控制灌水，使枝蔓及时停止成熟。

（2）树体管理

①抹芽定梢。发芽后按照整形要求留芽，长成新梢，做为主蔓培养，其余芽抹去。这一点与其他果树不一样，不留辅养枝。如果新梢数量不足，在4～5片叶时将新梢摘心，从萌发的副梢中选留主蔓。嫁接苗砧木上发出的萌蘖全部抹去。

②立支柱。定植前未搭架的葡萄园，定植后需立临时支柱，以绑缚新梢。

③绑缚新梢。新梢长到40厘米左右，进行绑缚，以防歪倒影响生长，招致病害。绑缚在架面铁丝或临时支柱上。达不到铁丝高度的对新梢实行“吊绑”。

④摘心。当新梢达到主蔓整形要求的长度，进行摘心。例如双臂双层水平形整枝，当新梢达到第一道铁丝高度（60～70厘米）时，进行摘心，顶端留3个副梢，顶生副梢向上生长做主蔓延长枝，两个侧生副梢向两边生长，作结果母枝培养。其余下部副梢可留1叶摘心。

⑤处理副梢。不保留作主蔓延长蔓的副梢，留1片叶摘心。

⑥去卷须。卷须随时去掉，以节省养分，防止乱缠。

（3）病虫害防治

葡萄幼树期没有果实，主要是防治枝叶病虫害。重点是黑痘病、霜霉病、白粉病严重的品种、季节和地区，在发病前就要喷药保护预防，一旦发病要及时采用高效药物治疗。要综合防治病虫害。

化学药剂防治参考以下内容，可根据天气变化、物侯期的早晚等进行调整。4月中下旬用多菌灵500倍液加乙酰甲胺磷1500倍液加0.1%尿素。4月底用百菌清700～800加0.2%尿素（有虫害时仍加1500倍乙酰甲胺磷）。5月上旬用700倍大生M45加0.2%尿素。5月中旬前后用黑痘净1000倍或百菌清700

倍加0.2%磷酸二氢钾加1500倍乙酰甲胺磷。5月下旬用1∶0.8∶260倍波尔多液加0.2%尿素，藤稔与欧亚种葡萄不用波尔多液，用绿乳铜或大生M45代替。5月底6月初用甲基托布津800倍加0.2%磷酸二氢钾加1500倍乙酰甲胺磷。6月中旬用1∶1∶250波尔多液加0.3%尿素。6月底7月初用1∶1∶220倍波尔多液加0.3%尿素。7月中下旬用多菌灵500倍或百菌清800倍加0.2%磷酸二氢钾。8月初到上旬用大生M45 700倍加0.2%磷酸二氢钾。8月中旬用1∶1∶200倍波尔多液加0.3%尿素。8月下旬到月底用甲霜灵锰锌800倍或乙磷铝250倍加0.2%磷酸二氢钾。9月上中旬用大生M45 600倍加0.3%尿素。9月底到10月上旬用1∶1∶200倍波尔多液加0.3%尿素。10月初到10月上旬用1∶1∶200倍波尔多液加0.3%尿素。

（二）葡萄建园疑难问题详解

1. 葡萄建园有哪些步骤？

决定建立葡萄园后，一般要经过社会调查—园地踏查—园地测绘—规划设计—规划实施等步骤，完成建园。

(1) 社会调查

①市场调查。调查当地经济发展状况，市场需求情况，居民消费习惯和消费水平等。

②交通运输调查。建园地点必须有便利的交通条件，以便产品能及时运输到市场上，不会给生产带来严重损失。

③劳力资源调查。当地的劳动力的数量、价格、文化素质和技术水平直接影响到果园的生产管理水平和经济效益，因此在建立果园时也必须对当地的劳动力状况进行考察了解。

④果树生产调查。调查当地的产业结构、果业生产情况。调查当地果树栽培的历史和经验，现有果园的总面积、果树种类和品种、单位面积产量、经营模式、经济效益以及不同成熟

期品种的搭配，主要病虫害、自然灾害、防风林树种生长情况等。

调查和分析拟栽植品种的适应性。调查品种的适应性主要通过两条途径：一是调查该品种在本地其他果园的表现；二是调查该品种在其他生态条件相似地区的表现。调查的内容主要有：丰产性，早果性，果实品质，生长势，抗寒性，抗旱性，耐涝性，抗病性，耐盐碱能力，生长期活动积温需要量，对无霜期长短的要求，休眠期的需冷量等。

（2）园地踏查

园地踏查是对新规划园地进行现场实地考察。考察内容包括新规划园地的地形、地势、水源、土壤状况、植被分布、园地小气候条件等。

①地形、地势、海拔高度，园地边界等的调查。

②土壤情况的调查。土壤情况主要包括土壤的类型、土层厚度、地下水位、酸碱度、有机质含量、盐分含量等。

③水源的调查。葡萄需水量较大，建立果园时必须有充足的水资源，如河流、湖泊等，在年降水量较小的地区必须有灌溉条件做保证。

④环境污染情况的调查。环境污染包括水资源、空气、土壤等的污染。首先应保证园地附近不存在污染源，水、空气、土壤检测结果符合生产要求才可建园。

⑤气象条件的调查。主要包括年平均温度、年极端低温和高温、生长期活动积温、休眠期的低温量、无霜期、日照时数、年降水量及其在生长季节的分布、小气候条件和冰雹、龙卷风、旱灾、涝灾等灾害性天气的出现频率。

（3）园地测绘

用测量仪器对园地进行测绘，按照一定比例绘制地形图。

（4）规划设计

对葡萄园进行总体规划设计。一是土地规划设计，包括小区、道路系统、排灌系统、防护林、配套设施的名称、位置等。二是葡萄规划设计，包括各小区的品种配置、栽植数量、栽植行向、栽植位置、栽植株行距等。绘制出葡萄园规划设计平面图。

(5) 编写规划设计书

规划设计书主要是对规划设计进行说明，对施工的文字说明。主要包括：

①小区。说明小区的数量，每个小区的面积、形状，栽植品种，栽植行向，栽植株行距，栽植数量。全园栽植面积，计算栽植面积占全园面积的百分数。栽植总数量，早中晚熟品种比例。

②道路系统。说明大路、中路和小路的宽度、高度。计算道路面积占全园面积的百分数。

③排灌系统。说明灌水干渠、支渠的宽度和高度，排水沟的宽度和深度。计算排灌系统面积占全园面积的百分数。

④防护林。说明主林带、副林带的行数，树种，栽植方式。计算防护林面积占全园面积的百分数。

⑤建筑物。说明建筑物名称、面积、要求。计算建筑物面积占全园面积的百分数。

(6) 实施规划设计

把规划设计落实到新建园地，重点是葡萄的栽植，道路、灌水渠道、排水沟、防护林、建筑物等有计划地安排完成。

2. 怎么选择葡萄园地？

葡萄是多年生作物，种植在一个地方多年不动；建园要投入大量人力、物力。所以，建园首先选好园址很重要。园地选择要注意以下几个方面：

(1) 按照标准，合法利用

遵守有关法律、法规和土地利用政策，按照标准化生产准

则要求，合理、合法使用土地。

（2）因地制宜，适地适树

园地的环境条件要与葡萄对环境条件的要求一致，这些条件包括气候、土壤、温度等，要满足果树的正常生长发育的要求。

（3）选址合理，避免受害

具体地点确定要避开限制因子，如低洼地，容易遭低温、霜冻等灾害性天气危害。还要避免重茬。

（4）集中成片，交通方便

果园集中成片有利于统一规划，有利于经济利用土地，有利于进行水土保持，有利于井渠配套和排灌结合，有利于实现耕作管理机械化，有利于技术培训，有利于指导生产和专业化管理，有利于建立生产—加工—销售系列化商品生产体系。交通方便，便于果品、肥料、农药等物资的运输。

（5）能灌能排，水质良好

不管降水量多少，果园必须做到旱能浇，涝能排，保证满足果树水分供应。并且水质符合要求。

3. 葡萄园为什么要设置防护林?

果园营造防护林可以降低风速，保护果树不受大风袭击，避免折枝、吹落花果叶片，防风固沙，降低水位，提高气温，增加湿度，减轻干旱和冻害，有利于传粉蜜蜂的活动，为果树的生长结果创造良好的生态环境。

4. 山地、丘陵地葡萄园规划设计有什么特点?

山地、丘陵地葡萄园规划设计基本要求和方法步骤与平地基本相同，但须根据山地、丘陵地的特点作出相应的变化。

(1) 栽植区

山地和丘陵地果园，小区的面积可按集流面积、地块大小、排灌系统等条件划分，本着适于机耕、排灌、运输和管理的原则进行。小区长边应与等高线平行，并同等高线弯度相适应，可成梯形或平行四边形，不跨越分水岭或沟谷，以减少水土冲刷和有利于耕作。(图 2-2)

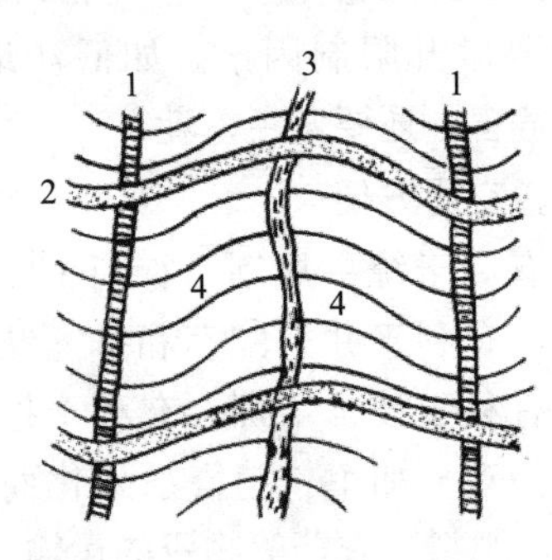

图 2-2　山地果园小区的划分

1. 顺坡路　2. 横坡路　3. 总排水沟　4. 栽植区

(2) 道路系统

山地或丘陵地果园应顺山坡修盘山路或“之”字形干路，其上升坡度不能超过 7°，转弯半经不能小于 10 米。支路应连通各等高台田，并选在小区边缘和山坡两侧沟旁。小路须与等高线平行，地块较小的山地、丘陵地果园，可利用背沟或梯田埂作人行道，不专设小路。山地果园的道路，不能设在集水沟附近。在路的内侧修排水沟，并使路面稍向内倾斜，使行车安全，减少冲刷，保护路面。

(3) 排灌系统

山地果园的干渠应沿等高线设在上坡，高差大的地方要设跌水槽，以免冲坏渠体。山地果园主要考虑排除山洪危害。其排水系统包括拦洪沟，排水沟和背沟等。拦洪沟是建立在果园

上方的一条沿等高线较深的沟，作用是将上部山坡的洪水拦截并导入排水沟或蓄水池中，保护果园免遭冲毁。拦洪沟的规格应根据上部面积与雨大时的流量而定，一般宽度、深度保持1～1.5米，比降0.3%～0.5%。并在适当位置修建蓄水池，使排水与蓄水结合进行。山地果园的排水沟应设置在集水线上，方向与等高线相交，汇集梯田背沟排出的水而排出园外。排水沟宽50～80厘米，深80～100厘米。在梯田内修筑背沟（也称集水沟），宽30～40厘米，深20～30厘米，保持0.3%～0.5%的比降，使梯田表面的水流入背沟，再通过背沟导入排水沟。

（4）配套设施

山地果园的饲养场宜设在积肥、运肥方便的较高处，包装场、贮存库应设在较低处。

（5）防护林

山地果园营造防护林除防风外，还有防止水土流失的作用。一般由5～8行组成，风大地区可增至10行，最好乔木与灌木混交。在山谷、坡地上部设紧密型林带，而坡下部设透风或稀疏林带，可及时排除冷空气，防止霜冻为害。主林带间距300～400米，带内株距1～1.5米，行距2～2.5米。林带应与道路结合，并尽量利用分水岭和沟边营造。果园背风时，防护林设于分水岭；迎风时，设于果园下部；如果风来自果园两侧，可在自然沟两岸营造。

5. 盐碱地葡萄园规划设计有什么特点？

盐碱地葡萄园规划设计基本要求和方法步骤与平地基本相同，特殊之处是增加治理盐碱的措施。

（1）修台田

盐碱地建立果园必须修筑台田治理盐碱，洗淋盐碱。台田台面宽5～6米至30～60米不等。台田之间挖排水沟，深60～

100厘米，底宽40～80厘米，上口宽100～150厘米，并与园外的总排水沟相通，沟内的土加到台面上使台面提高高度。台面宽度根据实际情况而定，台面窄则排水沟密，台面抬得高。台面长度100米左右，与小区的长度相当，篱架栽培台面东西向，棚架栽培台面南北向。如果台面宽5～6米，利用小棚架式每个台面栽一行葡萄（图2-3）。

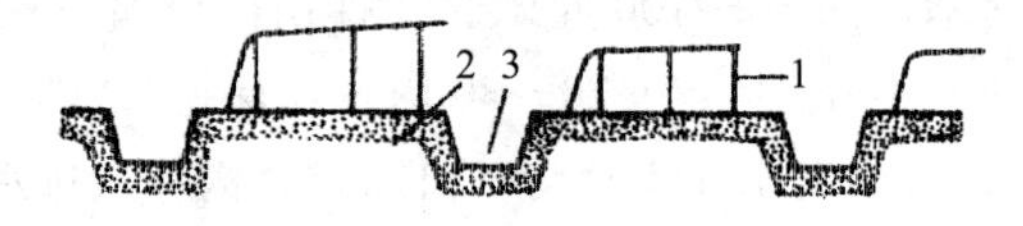

图2-3　葡萄台田栽培

1. 小棚架葡萄　2. 台田面　3. 排水沟

（2）植树种草

植树种草，可以减轻地面蒸发，防盐碱。在盐碱地上建园按规划同样应营造防风林带，林带能吸收土壤深层水分，从而降低了地下水位，减少盐碱上升到地面的机会。在台田或排水沟上种植绿肥，有保护台面和沟坡不被冲刷，防止土壤养分流失，增加土壤有机质，提高葡萄抗盐力的作用。

（3）增施有机肥

盐碱地有机质极为缺乏，增施有机肥可有效改良土壤结构，增强土壤微生物活性，同时为葡萄生长提供全面营养。

（4）晚栽浅栽

盐碱地多半是涝洼地，地下水位高，因此地温较低，晚栽和浅栽利于葡萄发根生长。

（5）灌水洗盐

春末夏初，气候干旱时，多次灌水洗盐；雨季只排不灌。

（6）中耕

雨后或灌水后及时中耕松土，其中耕深度可适当深些，切断毛细管水，限制下层盐碱成分上升，以减轻土壤盐碱化。中

耕使土壤暄松，能改善土壤理化性质，增加土壤空气，提高地温，有利土壤微生物活动。

6. 葡萄品种的优良性状有哪些?

选择葡萄品种，其优良性状是重要的依据。葡萄品种的优良性状主要表现为产量高、品质好、适应性和抗性强。

（1）产量高

产量是基础。在我国葡萄栽培中，品种所具有的丰产性能仍是选择的主要参考指标，原因之一是由于气候条件的限制，在一些地区如不精细管理，可能存在着花芽分化不好而直接影响种植者的经济收益；其次，丰产性好不仅代表着产量优势，丰产性好的品种也反映出该品种同时具有的其它有关优良性状，如管理方便、省工，即使在粗放管理下仍可获得较高的产量等优势；再者，提高产量仍是果农获得高效益的主要途径。

（2）品质好

品质是关键。品质包括外观品质和内在品质。人民生活水平提高后，要求吃好，要求农产品无污染（卫生品质高），要求富含营养素（营养品质高），还要求富含具有保健功能的生物活性物质（保健品质高）。消费者的生活水平越高，他们对品质的要求就越迫切。葡萄的保健作用将会被越来越多的人重视，葡萄的品质将会越来越被重视。

（3）适应性、抗性强

适应性、抗性是前提。如果葡萄品种不具备对外界环境的适应性，对各种逆境如寒冷、病虫害的抵抗能力，在正常栽培条件下会受到很大限制。

我们常发现，同一葡萄品种在我国西部干旱少雨地区生长势较弱，而在中、南部雨水较多的地区却生长旺盛，原因是不同的气候条件影响着品种特性的发挥。如克瑞森无核品种，在河南省范围内常常因为长势太旺而影响花芽分化，造成产量偏低，目前大多数已被淘汰；而在甘肃、新疆等干旱少雨地区，克瑞森品种的生长势却得到有效控制，生产表现良好。因此，选择品种时，要结合所在地区的气候条件进行，西部干旱少雨地区可以选择生长势较强一点的品种如克瑞森、森田尼无核等，而中南部雨水较多地区可选择生长势中庸或偏弱的品种。

在我国，习惯地将陇海铁路线以北划分为葡萄埋土防寒区，以南分为非埋土防寒区。基于这样的划分，在北方，冬季采用埋土防寒可使葡萄植株顺利渡过冬季严寒；南方，由于冬季温度不是十分寒冷，即使植株不埋土仍可以安全渡过冬季。生产上我们常常发现处于埋土和非埋土过渡带的葡萄地上部分冬季常被冻伤或冻死，我国中部的部分地区基本上每隔5～10年出现1次严重的冻害，这些地区冬季如果不采取埋土防寒措施，应注意选用抗寒品种，如摩尔多瓦、巨峰系品种、部分早熟品种等。抗寒性差的品种（如圣诞玫瑰）在此区种植，冬季如不采取埋土防寒措施则极易发生冻害。一般来说，早熟品种果实采收较早，枝条冬季较为耐寒，而晚熟品种耐寒性则较差一些。

在长江以南的大部分地区，由于夏季雨水偏多，葡萄病害发生严重，必须采取避雨栽培，才能确保葡萄种植成功。如不采用避雨栽培，建议选用巨峰系品种（如巨峰、京亚、醉金香）或其它抗病品种（如摩尔多瓦等）。河南省及皖北、苏北等地区种植葡萄以早熟品种表现较好，而晚熟品种因病害严重等时常表现欠佳，如果不采用避雨栽培，建议选用抗病性较强的中晚熟品种。

7. 葡萄品种有哪些类型?

世界上葡萄品种有8000多个。我国拥有的葡萄品种有700个以上，而且还在不断从国外引进新的品种，国内也在不断推出新育成的品种。这些品种可以按照各自的特点进行分类，便

于研究、学习和生产。

(1) 按照亲缘关系和起源分

①欧亚种或欧洲葡萄品种。从欧洲葡萄选育的品种，以上欧洲葡萄3个品种群品种的品种都是。

②美洲种品种。从美洲种选育的品种，如康可。

③欧美杂交品种。由美洲种或其杂种与欧洲种杂交后所获得的品种。抗病，抗湿，抗寒力较强，如巨峰系品种、康拜尔早生、玫瑰露、白香蕉、赛必尔等。

④欧山杂交品种。为欧洲种群的葡萄与东亚种群中的山葡萄杂交取得的品种，如北醇、北玫、北红等，它们丰产、耐湿、抗病、抗寒，但鲜食和酿酒品质不如欧亚种群的品种。

还有圆叶葡萄品种、山葡萄品种等。

(2) 按照果实成熟期分

①早熟品种。从萌芽到浆果成熟大约需要110～140天的品种称为早熟品种，如京早晶、凤凰51。

②中熟品种。从萌芽到浆果成熟需要140～155天的品种称为中熟品种，如巨峰系品种。

③晚熟品种。从萌芽到浆果成熟需要155天以上的品种称为晚熟品种，如红地球、美人指、木纳格等。

也有的把从萌芽到浆果成熟在120天以下的品种称为极早熟品种，在180天以上的品种称为极晚熟品种。

(3) 按照果实主要用途分

按照果实用途分为鲜食品种和加工品种，加工品种有酿造、制汁、制干、罐藏等品种。

①鲜食品种。鲜食品种应具备较好的内在品质和外观品质。果穗重大于300～500克，粒重4克以上，外形美观，果粒着生疏密得当，甜酸适口，可溶性固形物含量15%～20%，含酸量0.5%～0.9%，果肉致密而脆，皮、肉、种子易分离。如京秀、

红地球、巨峰系等。

②酿造品种。酿造品种比较注重内在品质，含可溶性固形物要求达到16%～17%以上，出汁率70%以上，具有特殊香味和不同的色泽。如赤霞珠、贵人香、法国蓝、意斯林、雷司令、黑皮诺等。

③制汁品种。制汁品种要求有较高的含糖量和较浓的草莓香味。出汁率70%以上。如康克、康拜尔、卡巴克等。

④制干品种。要求是无核品种，可溶性固形物含量要求达到20%以上。如新疆的无核白，既是优良的鲜食品种，又是主要的制干品种。无核白也可以视为兼用品种。

另外，按照果实颜色，分为红色、绿色、黄色、紫色品种等；按照果粒大小，分为大粒、小粒品种等；按照果实有无种子，分为有核、无核品种等。

8. 葡萄需要配置授粉树吗？

能够给其他品种授粉的品种叫授粉品种，授粉品种的植株叫授粉树。为什么要配置授粉树呢？因为有些品种的花雄蕊退化不能自花授粉，有些品种虽然为两性花，但自花授粉不结果，必须异花授粉，即其他适宜的品种授粉才能结果。葡萄大多数品种为两性花，且能自花授粉结实，不需要配置授粉树。广泛栽培的欧亚种葡萄普遍存在闭花受精现象，即，两性花品种的散粉甚至受精过程的前期是在花蕾开放前进行的。有少数品种雄蕊退化，变成了单性的雌能花，如罗也尔玫瑰、黑莲子、驴奶、花叶白鸡心、意大利玫瑰等，部分野生种雌能花与雄能花分别着生在雌株和雄株上（雌雄异株）。这些品种作主栽品种时，必须同时栽植授粉品种树。

授粉品种要具备以下条件：花期与主栽品种相同，且能产生大量高质量的花粉；给主栽品种授粉结果良好；能够自花授粉结实，且有较高的经济价值；苗龄与主栽品种一致，要一次

配齐；抗病力与主栽品种基本相同，这样便于防治霜霉病。

野生山葡萄为雌雄异株，两性花极为罕见。中国农业科学院特产研究所培育的山葡萄品种左山一和左山二的浆果酿酒品质好，但均为雌能花，建园时首先要安排好授粉品种。山葡萄两性花品种双优、双丰、双红均可作为雌能花品种的授粉树。授粉树配置方法有两种：一是成行配置，即栽植两行雌能花品种，栽植一行两性花品种。二是“插株”配置，即栽植35～40株雌能花品种，再栽植3～5株授粉品种。但这是在缺少授粉品种时采用的一种方法，不便于浆果采收（单品种试酿）和冬季修（剪条育苗）。不能选用生食葡萄中的贝达、巨峰等作山葡萄雌能花品种的授粉树，这主要是花期不遇。

三、葡萄园土肥水管理技术

（一）葡萄园土肥水管理关键技术

1. 葡萄园土壤改良有哪些方法？

葡萄园一般的土壤都需要进行深翻熟化改良；一些特殊的土壤还要有针对性的进行改良，如沙土要培土、黏土要掺沙、盐碱地和沙荒及荒漠土壤要洗盐排碱等。

（1）深翻熟化

深翻熟化是翻土深度60～80厘米以上，并施有机肥的土壤改良方法，是土壤改良的最基本措施。一般果园都需要深翻，可以在栽植前建园时进行全园深翻；挖定植沟的葡萄园，沟内经改土施肥，土壤一般较好，行间仍需要通过深翻进行改良。

①深翻时间。深翻主要在秋季葡萄采收后结合秋施基肥进行。此时葡萄树地上部分生长较慢，养分开始积累，深翻后正值根系秋季生长高峰，伤口易愈合，并可发生新根；这时气温尚高，肥料易分解吸收，从而促进新根的形成，为第二年的萌芽、开花和结果打下良好基础；这时还可结合进行灌水，使土粒与根系密接，利于根系生长。

②深翻方式。葡萄园的深翻改土有多种方式，如全园深翻、隔行深翻、深翻扩沟和深翻扩穴等，可根据自己的具体情况选择。

- 全园深翻。是把除栽植沟、穴以外的土壤一次全部翻完。
- 隔行深翻。是先隔一行翻一行，第二年再翻另一行。
- 深翻扩沟和深翻扩穴。是从幼树定植后开始，自定植沟、

穴边缘逐年或隔年向外深翻宽 50～80 厘米。葡萄园的深翻应结合实际进行，若利用大棚架挖穴栽植，则可采用深翻扩穴方式；若采用篱架栽培，则宜用隔行深翻方式。一般小树根量较少，可采用一次性深翻，而对于成年树来说，因其根系已布满全园，宜采用隔行深翻的方式。山地果园应根据坡度及面积大小来确定采用什么样的方式。

③深翻深度。深翻深度以主要根系分布层稍深为宜，通常在 40～80 厘米之间，但要根据土壤质地而定，山地、滩地、土质较黏重的黏土地等深翻深度一般为 60～80 厘米，而沙质土壤深翻时可适当浅些。深翻深度还与葡萄的架式有关，采用棚架时可适当深些，而采用篱架时可浅些。

④深翻方法。深翻方法与栽树时挖填定植沟、定植穴相同。翻土时，表土、心土分开放置，与栽植时的沟、穴接通。少伤根，如果伤了大根，要将伤口剪平滑，以利愈合。尽量随翻随回填，避免根系暴露时间过长，造成失水死亡。回填时按照原来的土层顺序，不打破土层，同时施入有机肥，以保证深翻的效果。有机肥包括粗有机肥和优质有机肥，粗有机肥如作物秸秆、枯枝烂叶等。回填时心土混合粗有机肥放在底层，表土混合优质有机肥放在上层，有机肥必须与土壤混合，不能形成单独的秸秆层，否则不易腐烂，还会妨碍根系生长。回填后充分灌水，促使根土密接，以加速根系恢复生长和有机质分解，尽快发挥深翻效益。

(2) 特殊土壤的改良

• 沙地培土，黏土掺沙。培土掺沙指掺入与园地质地不同的土壤，使土壤质地改变，更有利于葡萄的生长。培土掺沙在我国南北方普遍采用。

培土掺沙工作要每年进行，黏重的土壤掺入含沙质较多的疏松肥土，增强透气性；含沙质较多的可培塘泥、河泥等较黏重的肥土，增强保水能力。培土掺沙的方法是把土块均匀分布全园，经晾晒打碎，通过耕作把所培的土与原来的土攘逐步混合起来。培土掺沙时期一般在晚秋初冬进行。厚度一般为 5～10 厘米，过薄作用不大，过深不利于根系生长。

• 盐碱地土壤改良。土壤酸碱度和溶液浓度影响葡萄根系生长，在盐碱地葡萄根系生长不良，且易发生缺素症，树体易早衰，产量也低。在盐碱地栽植葡萄进行土壤改良措施如下：

①设置排灌系统。改良盐碱地主要措施之一是引淡洗盐。在果园顺行间隔 20～40 米挖一道排水沟，深 1 米，上宽 1.5 米，底宽 0.5～1 米。排水沟与较大较深的排水支渠道及排水干渠相连，把盐碱排出园外。园内则定期引淡水进行灌溉，达到灌水洗盐的目的。当达到要求含盐量（0.1%）后，应注意生长期灌水压碱，并进行中耕、覆盖、排水，防止盐碱上升。

②深耕施有机肥。有机质可改良土壤理化性状，促进团位结构的形成，提高土壤肥力，减少蒸发，防止返碱。

③地面覆盖。地面铺沙、盖草或其它物质，可防止盐碱上升。

④营造防护林和种植绿肥作物。防护林可以降低风速，减少地面蒸发，防止土壤返碱。种植绿肥植物，除增加土壤有机质、改善土壤理化性质外，绿肥的枝叶覆盖地面，可减少土壤蒸发，抑制盐碱上升。

⑤中耕除草。中耕除草可除去杂草，疏松表土，提高土壤通透性，又可切断土壤毛细管，减少土壤水分燕发，防止盐碱上升。

• 沙荒及荒漠土壤改良。我国黄河中下游的泛滥平原，最典型的为黄河故道地区的沙荒地。其组成物主要为沙粒，有机质极其缺乏；导热快，夏季土壤温度高，冬季土壤冻结厚；地下水位高，容易引起涝害。因此，改土措施主要是：开排水沟降低地下水位，洗盐排碱；培泥或破淤泥层；深翻熟化；增施有机肥或种植绿肥；营造防护林；有条件的地方应用土壤结构

改良剂改良土壤。

近年来有不少国家已开始运用土壤结构改良剂，提高土壤肥力，使沙漠变良田。土壤结构改良剂分有机、无机及无机-有机三种。有机土壤结构改良剂是从泥炭、褐煤及垃圾中提取的高分子化合物；无机土壤结构改良剂有硅酸钠及沸石等；有机-无机土壤结构改良剂有二氧化硅有机化合物等。国外已在生产上广泛应用的基丙烯酰胺，为人工合成的高分子化合物，溶于80℃以上热水，先把干粉制成2%母液，即666.7米^{2}用8千克配成400千克母液，再稀释至3000千克水泼浇至5厘米深的土层。效果可达3年以上。

2. 葡萄园土壤管理有哪些制度和方法?

葡萄园土壤有不同的管理制度，每种管理制度的优缺点和管理不同，可据情选用。

• 清耕法。清耕法是一种传统的果园土壤管理制度，我国普遍采用。清耕法不种葡萄以外的任何其他作物，随时中耕除草，使土壤长期保持疏松无草状态。清耕法主要作业是中耕除草，使土壤保持疏松无草状态。中耕次数以气候、土壤和杂草而定。浇水后、下雨后中耕，杂草出苗期、结子前除草效果好。中耕深度为5～10厘米。也可用化学除草剂除草。清耕园秋季或春季进行深耕（翻地），全园进行，深耕深度为20～30厘米。

• 生草法。生草法是全园或行间种植豆科、禾本科等多年生牧草或自然生草的土壤管理制度。

果园生草包括人工生草和自然生草。人工生草是在果园种草的技术；自然生草是通过培养自然草植被来实现果园生草的方法。又有全园生草、行间生草、株间生草三种方式，葡萄宜行间生草。无论采取哪种方式，都要掌握一个原则，即对果树的肥、水、光等竞争相对较小，又对土壤生态效应较佳，且对土地的利用率高。

草生长需要较多的水分，因此果园生草适宜在年降雨量500毫米，最好800毫米以上的地区或有良好灌溉条件的地区采用。高密度果园不宜进行生草，冬季埋土防寒地区不宜进行生草。

果园生草对草的种类有一定的要求。主要标准是矮秆或匍匐生，产草量大，没有粗大的直根，能吸收和固定果树不易吸收的营养物质，地面覆盖时间长，适应性强，耐阴，耐践踏，耗水量较少，与果树无共同的病虫害，能引诱天敌，生育期比较短。果园生草草种以白三叶草、紫花苜蓿、田菁等豆科牧草为好，目前以白三叶草最为优越，为果园生草的主导草种。另外，还有黑麦草、百麦根、百喜草、草木樨、毛苕子、扁茎黄芪、小冠花、鸭绒草、早熟禾、羊胡子草、野燕麦等。

自然生草是根据果园里自然长出的各种草，把有益的草保留，将扯皮草、蓬草、篙草等有害草及时拔除，再通过自然竞争和刈割，最后选留几种适于当地自然条件的草种形成草坪。这是一种省时省力的生草法。

为扬长避短，在具体应用时要注意以下几点：

①选择适宜的生草种类。以高度低矮、产草量大，匍匐性强、耐践踏、没有粗大的直根，能吸收和固定果树不易吸收的营养物质，地面覆盖时间长、与果树没有共同病虫害者为佳。

②要及时刈割。一年应刈割2～4次，尽量减少与果树的营养竞争，刈割下的草散铺在果园中即可。

③适时补肥和灌溉。生草初期或刈割之后均应补氮和灌水，不要舍不得，只要草不收走，就是果树的肥料，决不是浪费。

④生草5年左右，要翻耕重种更新。否则，在表层下容易形成草板结层，影响透水和通气。

总之生草是果园土壤管理的方向，是以园养园、促进土壤良性循环的必由之路，应当下决心推广；但是在降水稀少，又缺乏基本灌水条件的果园应用宜慎重。

• 覆盖法。覆盖法是以覆盖物覆盖树盘或覆盖全园的土壤

管理方法。以所用覆盖材料不同，其功能和管理特点也不相同。

地膜覆盖。即春季以厚度 0.02 毫米的聚氯乙烯地膜覆盖树盘地面。

覆草。用麦秸、豆秸、谷糠、玉米秸、杂草等取之方便的植物材料覆盖树盘或全园，厚度为 20 厘米左右，约每 666.7 米^2 用 2000～2500 千克。

- 免耕法。免耕法指果园全部或一部分地面用化学除草剂除草，不进行耕作或很少耕作的土壤管理方法。已在果树生产中应用多年。

常用化学除草剂中，杀草芽和幼草的有氟乐灵（0.25 千克/666.7 米^2）、利谷隆（0.25 千克/666.7 米^2）、西马津（0.15～0.25 千克/666.7 米^2）、除草醚（0.6～0.8 千克/666.7 米^2）、扑草净（0.25～0.4 千克/666.7 米^2）等；杀成草的有草甘膦（1.25～2 千克/666.7 米^2）、百草枯（0.2～0.4 千克/666.7 米^2）等。

在具体应用时，首先要了解果园杂草的种类、数量，哪些危害最大，并以此决定对策；其次要了解除草剂的性能、作用特点、杀草对象、使用时期等，以便根据目的正确选用。不同除草剂合理混配使用，可以提高杀草效果，但不能久置，应随配随用；果园除草剂应用要抓住春末夏初和秋初两个关键时期，既有利缓和与果树的营养竞争，又可提高控草、杀草效果；除草剂应在无风天使用，切忌喷溅到果树枝叶上。

3. 葡萄园间作的关键技术有哪些?

幼年葡萄园树体小，行间空地较多，可以种植其他作物，这叫间作。合理间作可以充分利用土地和空间，增加前期收益，以长养短；改善果园小气候，有利于果树生长；防止土壤冲刷，减少杂草危害，增加土壤肥力。

(1) 间作年限

间作从葡萄栽植开始，到大量结果前、枝蔓满架为止，一般1～3年。盛果期葡萄园也有间作的，但葡萄管理作业不太方便。

(2) 适宜间作物

间作应以不影响葡萄的生长发育为前提。良好间作物应具备的条件是，株形矮小，不与果树争光；生育期短，且大量需肥水期与果树互相错开；与果树无共同病虫害，也不能是果树病虫的中间寄主；管理省工，有利于肥培土壤，具有较高的经济价值。在实际生产中，要因地制宜，具体分析，就完全可以做到合理间作。

常见间作物有豆类、薯类、生长期短的前期蔬菜，还可以进行葡萄育苗、混种草莓。

(3) 间作方法

间作物一般要与果树保持0.3～0.5米的距离。随树体增大，间作面积随之减少。间作物与葡萄要分别加强管理。间作物还要注意轮作。

4. 怎样确定葡萄的施肥量?

施肥量是指每666.7米^{2}或1株葡萄一年中施肥的数量，一般按元素含量计算，根据肥料的元素含量再计算为施肥的数量。以下方法可以作为参考。

(1) 理论计算

理论施肥量＝（植株吸收量－天然供给量）/肥料利用率。

据材料分析，每增加100千克葡萄产量，需从土壤中吸收氮（N）0.3～0.55千克、磷（P_2O_5）0.13～0.28千克、钾（K_2O）0.28～0.64千克。天然供给量，氮一般占吸收量的1/3左右，磷、钾各占1/2。葡萄植株对肥料的利用率，氮为50%、

磷为30%、钾为40%。根据计算结果和肥料含氮、磷、钾的量，就可以换算出施肥的数量。

(2) 根据葡萄生长结果情况

生产中，可以根据葡萄的生长结果状况，判断植株的营养状况，进而指导施肥。例如：新梢发育充实，节间短，基部与先端粗度较一致；新梢摘心后，副梢萌发较旺；新梢基部、中部、上部叶片大而一致，厚而色深绿；果实成熟同时，新梢变茶褐色；果实着色良好，含糖量高；来年萌芽整齐等，说明施肥适量。若新梢较细，生长缓慢，秋季落叶期新梢仍为绿色，不能木质化，髓心大，组织不充实；叶片小而薄，色黄绿；果实着色不良，含糖量低；来年萌芽晚而不整齐，越冬后枝蔓易受冻害，这是缺肥的表现。枝叶徒长而过于茂密，树势过旺，新梢节间长，生长停止过晚；开花后坐果少，产量不高，这是施肥不当或施肥过多的反应。可以根据上述判断，调节施肥技术和施肥量。

(3) 根据经验总结

通常情况下，葡萄施用氮、磷、钾的比例以1∶0.5∶1.5，或1∶1∶1.5为宜。我国北方比较稳产的葡萄园，一般666.7米^{2}的施肥量为：氮（N）12.5～15千克，磷（P_2O_5）10～12.5千克、钾（K_2O）10～15千克，可供生产中参考。

根据施肥经验，辽南地区大棚架（1米×12米）葡萄，每株施土粪100～125千克，硫酸铵1千克，草木灰5千克；小棚架（1米×6米）每株施土粪50～75千克，硫酸铵0.5千克，草木灰2.5～4千克；篱架（2米×2.5米，株产20～25千克）每株施土粪75～100千克，硫酸铵0.5～1千克，草木灰1.5千克。

5. 葡萄施基肥的关键技术有哪些?

葡萄施基肥的关键是适时、适量、方法得当。基肥是每年

秋季施入的以有机肥为主的肥料，是较长时间供给葡萄多种养分的基础肥料，葡萄优质丰产栽培必须施基肥。

（1）施肥时间

秋施基肥效果好。秋季正值根系生长的高峰期，伤根易愈合，并可促发新根；秋季根系吸收能力强，速效肥吸收利用，有利于枝芽充实和养分贮藏；秋施有机肥有充分的腐熟分解时间，能及时供应来年春季葡萄生长发育所需。秋施基肥时间在中熟品种采收之后，到晚熟品种采收后，即8月中下旬和9月进行，其次是落叶至封冻前，最晚不迟于大地封冻。

（2）施肥种类和施肥量

基肥以有机肥为主，配合适量速效肥。基肥施入量应占全年需肥总量的1/2以上。有机肥全部施入，氮肥60%作为基肥，磷肥混合有机肥全部作基肥施入，速效磷肥可部分作为追肥，钾肥50%作为基肥。

（3）施肥方法

葡萄基肥多用沟施，离植株50厘米外挖沟施入，沟深30～50厘米，以当地葡萄细根大量分布深度为准，在防寒地区常在防寒取土沟内施入基肥。

也可撒施，撒施应结合耕翻，不浅于15厘米，但长期撒施，易引起根系上移，不抗旱。在黄河故道地区也有的采用隔年隔行施肥。挖穴栽植的及篱架栽培的幼树应先在株间开沟施肥，以后再行间开沟施肥。棚架栽培的葡萄大部分根系分布于架下，所以施肥以架下为主，背侧为辅。无论是篱架或棚架，至少要间隔2～3年才可在同一施肥部位再施入基肥。

施基肥深度，以大量须根的分布深度确定，并结合肥料、土壤性质；广度，以根系分布范围而定。施基肥沟、穴的深、宽各30～50米。挖好施肥沟（穴）后，不打破土层，肥、土混合均匀回填。施后浇水，水要灌透，以利沉实和根系愈合。

6. 葡萄土壤追肥的关键技术有哪些?

葡萄施基肥的关键是适时、适肥、适量、方法得当。追肥又叫补肥，指在施足基肥的基础上，根据葡萄各物候期的需肥特点补给的肥料。追肥以土壤施肥为主。

(1) 施肥时间和种类

①萌芽前追肥。萌芽前追肥，能促进萌芽、花穗的分化发育和葡萄的前期生长。肥料以尿素等速效氮肥为主。施肥量占全年氮肥量的20%左右。

②开花前追肥。开花前追肥，有利于开花坐果。以速效氮磷肥为主。巨峰等落花落果严重的品种，花前不宜追氮肥，要在坐果后施。

③初果期追肥。在幼果膨大期追肥，对生长和坐果，对新梢及副梢的花芽分化都极为重要。氮、磷、钾肥配合。

④成熟前追肥。促进果实膨大，上色，提高果实品质。以磷、钾肥为主。

(2) 施肥方法

土壤追肥宜沟施、穴施，成行栽植的沟施，单株栽植的沟穴施，根据植株大小，挖 2～6 个穴，沟、穴的深度 0.1～0.2 米，施后埋土，浇水。

7. 葡萄叶面喷肥的关键技术有哪些?

葡萄叶面喷肥的关键是掌握好时间、肥料种类、喷肥浓度和喷肥方法。叶面喷肥是把肥料溶于水中喷到叶面或枝上的施肥方法，叶面喷肥也叫根外追肥、叶面施肥，是追肥的一种形式。叶面喷肥具有节肥、省工、肥效快、肥效高、肥料分布均匀的特点，简单易行，可结合喷药同时进行，能避免某些元素的化学和生物固定，可以补充微量元素的不足。叶面喷肥对衰弱树效果最为明显。但叶面喷肥肥量少，肥效短。所以叶面喷肥是土壤施肥的补充，不能代替土壤施肥，土壤中的养分主要还是通过根系吸收。

(1) 叶面喷肥的时间和肥料种类

叶面喷肥从萌芽前至落叶前都可进行，结合喷药 10～15 天 1 次。喷施氮、磷、钾的时间与土壤追肥一致，前期以氮肥为主，中期氮磷配合，后期磷钾为主，配合氮肥。花前喷硼肥，有利于改善花器官营养状态，利于坐果。坐果后至浆果成熟前喷磷、氮肥，利于提高果实品质。花前 2～3 周和花后数周各喷 1 次磷酸锌，防治缺锌，或在冬剪后用 10%硫酸锌涂剪口。保护地栽培葡萄缺镁，叶脉间褪绿，叶片皱缩，可喷硫酸镁。

一天中，叶面喷肥一般在上午 10 点以前、下午 4 点以后进行。

(2) 叶面喷肥的肥料浓度

叶面喷肥的肥料名称和浓度见表 3-1。

表 3-1 葡萄叶面喷肥的肥料名称和浓度

肥料名称	浓度（%）	肥料名称	浓度（%）
尿素	0.1～0.5	硫酸镁	0.1
过磷酸钙	2～5	铬盐	0.3
硫酸钾	0.5	钨盐	0.3
草木灰	3	钒盐	0.3
硼酸	0.05～0.1	硝酸烯	0.05
硫酸锰	0.02	硝酸钠	0.1
硫酸锌	0.05～0.15	腐熟人尿	1～2

另外，一些专用叶面肥也可以试用。如花后开始每隔 1 个月喷 1 次 600～800 倍红果 88，可起到膨果、增色、早熟、保叶、防腐的作用。据试验，矢富罗莎、红地球葡萄喷施串串金、

绿威、绿霸之星、佰旺四季叶面肥后，果实的单粒重、纵横径、硬度、维生素C含量、可溶性糖、糖酸比均有提高，有机酸含量降低，不同的叶面肥之间存在差异，以串串金葡萄专用叶面肥效果最为明显，其次是绿威叶面肥。

8. 葡萄缺素症怎样诊断和矫正？

缺少哪种元素会出现哪些症状，需要进行诊断，确定缺素的种类，就可以有针对性地实行预防和矫正措施。但有时几种元素同时亏缺，植株表现的复杂性状即难以辨认，必须同叶分析结合才能确诊。但是缺素症在生产上是常发生的，虽是缺到一定程度的表现，不如叶分析及时发现缺少某些元素，但能直观的告诉我们植株营养状况，容易发现。

（1）缺氮症状及其矫正

缺氮症状：葡萄缺氮时，新梢生长衰弱，生长缓慢，枝蔓细弱，节间短。叶片颜色变浅，小而薄，过早的结束营养生长，氮素严重不足时，新梢下部的叶片变黄，甚至提早落叶。落花落果严重。花芽分化不良。叶柄和穗轴呈粉红或红色，果穗与果粒均较小，果穗松散，成熟不齐，产量降低。

矫正措施：及时在根部追施适量氮肥，也可叶面喷施0.2%～0.3%尿素，3～5天即可见效。叶面喷肥能迅速弥补氮素的不足，但决不能代替基肥和追肥，对缺氮的葡萄园尤其要重视基肥的施用。

氮肥过多时主要表现在植株发芽迟缓，发芽后枝叶徒长而不充实，常出现顶端1～2芽粗壮，下面弱芽、瘦芽较多。副梢增多，节间变长。叶片变厚，颜色呈现褐绿色，侧生叶片比顶生叶片旺盛，叶片变宽，易受遭受病害侵袭。尤其在生长后期氮肥过多，往往延迟果实的着色和成熟，果实颜色不均匀；新梢停止生长晚，成熟不良，降低了植株的抗寒性；容易造成病害等不良后果。防治措施是控制氮肥使用，注意平衡施肥。

(2) 缺磷症状及其矫正

缺磷症状：葡萄缺磷时，萌芽晚，萌芽率低，新梢生长衰弱，叶色暗绿，叶片变小，向上卷曲，出现红紫斑，副梢生长衰弱，叶片早期脱落。花序柔嫩，花序小，花梗细长，落花落果严重，果粒少，果实小，单果重小，果实含糖量低，着色不好，产量低，果实成熟期推迟等。

矫正措施：及时喷施叶面磷肥，磷酸二氢钾效果较好，一般幼果膨大期喷3～4次。以土壤施入预防为主，增施有机肥，花期前后和果实采收后施入适当化肥，可选用磷酸铵、磷酸二氢钾或含磷的果树专用肥等。每666.7米^{2}施过磷酸钙10～15千克，或同等磷素含量的其他磷肥。磷肥施入后，很快被固定，在土壤中移动很慢，不易流失，所以磷肥可以在施基肥时一并混合施入。为提高肥效应当靠近根系深施。

(3) 缺钾症状及其矫正

缺钾症状：葡萄缺钾时，枝条中部的叶片表现为扭曲，边缘向里卷曲（卷叶病毒病向外卷），边缘叶脉失绿黄化，发展成黄褐色斑块，老叶先有症状，严重时叶缘呈烧焦状。果实小，着色不良，成熟不整齐，果实含糖量低，酸度增加，成熟前容易落果。

矫正措施：及时用0.3%磷酸二氢钾溶液，或0.5%～1%的氯化钾溶液，或5%的草木灰浸出液叶面喷施。增施有机肥，改变土壤结构以提高土壤肥力和含钾量。秋施基肥或生长季追肥时，增加硫酸钾的施用量。花期前后和果实采收后施入适当化肥，可选用硫酸钾或含钾的果树专用肥等。每666.7米^{2}施入20千克硫酸钾，或同等钾素含量的其他钾肥。钾肥施入后很快被固定，为提高肥效应当靠近根系深施。生产中一般用所需量的50%作为基肥，其余的做追肥用。

钾肥使用过多会影响植株对镁肥和氮肥的吸收利用。通常

会造成缺镁症状，即出现叶片黄化，果实品质不良等。为避免其他不良症状出现，在施用含钾性肥料时要适量。

(4) 缺硼症状及其矫正

缺硼症状：葡萄缺少硼元素能影响花粉的发育和发芽，导致花蕾不能正常开放和花冠出现干枯不能正常脱落，严重时还可能导致花蕾大量脱落，授粉受精不良，坐果少，果穗大小不一，果穗疏松，浆果发育不良，果穗中无籽小果增多。新鲜嫩梢顶端卷须出现干枯，节间变粗短，副梢生长弱。叶片变小，增厚，发脆，皱缩，向外弯曲，叶缘和叶脉出现不同程度黄化，叶面不平或向后翻卷，叶柄短粗。植株矮小，根系分布浅，根短粗，肿胀并形成结，可出现纵裂，易造成死根。沙性土、强酸性土容易导致硼元素流失。

矫正措施：开花前7天、盛花期连续喷施2次0.1%～0.3%硼砂（或硼酸）溶液。秋施基肥时，病株施硼砂50克/株。

(5) 缺铁症状及其矫正

缺铁症状：葡萄缺铁表现幼叶失绿发生黄化病，症状主要表现为叶片黄化，但叶脉仍保持绿色，新叶生长缓慢，老叶仍保持绿色，严重时整个新梢变成黄色或黄绿色，叶片由上而下逐渐干焦而脱落。进一步出现新梢生长弱，花序黄化，花蕾脱落，坐果率低。果实色浅粒小，基部果实发育不良。

矫正措施：早春叶片喷施0.2%硫酸亚铁溶液或黄腐酸铁或柠檬铁等（商品名益铁灵、速效铁等），或于生长季枝干注射0.01%～0.02%硫酸亚铁溶液，或土施螯合铁（商品名绿叶灵）。葡萄对铁的吸收和转化都很慢，所以叶面喷施的效果不佳，应用铁螯合物效果较好。从土壤改良着手，增施有机肥，防止土壤盐碱化和过分黏重，促进土壤中的铁转化为植物可利用形态。

(6) 缺钙症状及其矫正

缺钙症状：葡萄植株整个生长发育期间均能吸收，钙能中和掉酸性土壤中的部分酸。葡萄缺钙时，幼叶脉间及叶缘褪绿，随后在近叶缘处出现针头大小的斑点，叶尖及叶缘向下卷曲，几天后褪绿部分变成暗褐色，并形成枯斑，藤皮上随机散布深褐色疱疹。新根短粗而弯曲，尖端容易变褐枯死，不长根毛。过多的钾、氮、镁供应也可使植株表现缺钙症状。

矫正措施：生长前期、幼果膨大期和采前1个月叶面喷施钙肥，如0.5%硝酸钙、氯化钙等。在施用有机肥料时，拌入适量过磷酸钙，土壤施入硝酸钙或氯化钙。控制钾肥施入量。

(7) 缺锌症状及其矫正

缺锌症状：葡萄锌植株生长异常，枝条纤细，新梢节间短，叶片小而窄，叶绿素含量低，叶脉间叶肉变得发黄，呈花叶状，严重时可导致叶片干枯脱落。果穗上生成大量无核小果，果粒稀疏，大小粒明显，产量和质量明显下降。缺锌在嫩梢顶端表现尤为明显。

矫正措施：葡萄开花期或开花期以后15天左右叶面喷1次0.2%硫酸锌，不仅能促进浆果正常生长，提高产量和含糖量，同时也可促进果实成熟。用10%左右的硫酸锌溶液，在冬剪时随即涂抹在修剪枝的剪口。增施有机肥，对缺锌土壤限制石灰施用量，防止锌在土壤中变成沉积状态而不易被根系吸收。

(8) 缺镁症状及其矫正

缺镁症状：葡萄缺镁元素时，老叶脉间缺绿，以后发展成为棕色枯斑，易早落；基部叶片的叶脉发紫，脉间呈黄白色，黄白斑从中间向四周扩展；中部叶脉绿色，脉间黄绿色；枝条上部叶片呈水渍状，后形成较大的坏死斑块，叶皱缩；枝条中部叶片脱落，枝条呈光秃状。症状多在果实发育中期出现，酸性土壤容易缺镁。

矫正措施：葡萄对镁元素的吸收量是氮元素的20%，治疗缺镁症状可以从6月开始，每隔10～15天喷施一次2%的硫酸

镁容液，根据症状表现连续喷施 3～4 次即可。生长中期树干注射 0.01%～0.02%的硫酸镁。秋施基肥时，用硫酸镁 300～500 克/株，可预防缺镁症的发生。

（9）缺锰症状及其矫正

缺锰症状：葡萄缺锰时，最初在主脉和侧脉间呈淡绿色至黄色，黄化面积扩大时，大部分叶片在主脉之间失绿，而侧脉之间仍保持绿色。碱性土壤容易引起缺锰，致使果实着色不良。

矫正措施：开花后 10～20 天用 0.02%硫酸锰加等量生石灰匀喷叶面。增施优质有机肥和羊粪、牛粪、鸡粪等，可预防缺锰症出现。

9. 葡萄灌水的关键技术有哪些？

葡萄灌水要根据不同物候期的需水特点，及时、适量、方法恰当，还要节约用水。

（1）适时灌水

①出土后至萌芽前。出土后至萌芽前结合施肥灌水 1～2 次，可促进萌芽整齐和花序健壮发育，有利于新梢早期迅速生长与花芽的继续分化，尤其对春季干旱、土壤墒情不足和砂砾土壤的葡萄园效果更为明显。

②花序出现至开花前。花序出现至开花前灌水 1～2 次，结合施肥进行。可促进新梢生长和花序进一步分化增大。开花期水分剧烈变化不利于坐果，一般不浇水。

③开花后至浆果着色前。据土壤和降水情况，开花后至浆果着色前灌水多次，天气干旱则每周 1 次，有利于新梢、幼果迅速生长和果实膨大。果实着色以后尽量控制灌水，以免降低果实品质。加工品种采前 1～3 周不宜灌水，以免降低含糖量。生食品种缺水时适当浇水，但不宜过大，以免裂果，浇水可浅沟浇、隔行浇。

④果实采收后。果实采收后结合秋施基肥浇水 1 次，有利于根系吸收和恢复树势，并增强后期光合作用。

⑤越冬前。冬季土壤冻结前，必须灌 1 次越冬水，以保证植株安全越冬，并可以防止早春干旱，对下年生长结果有重要作用。越冬水要浇透。埋土防寒前，如果土壤干硬，可灌水 1 次，以利于取土。

一天中，早春浇水宜在中午水温较高时进行。夏季高温，浇水宜在傍晚进行。

(2) 适量灌水

每次灌水的数量依树体、土壤、降水、灌水方法而定。大树比小树多；沙地保肥水能力差，宜少量多次；降水多，灌水少；蒸发量大，灌水多。

适宜的灌水量，从萌芽到浆果生长期，应在一次灌水中，使根系分布范围内的土壤湿度达到最有利于果树生长发育的程度。一般深达 60～80 厘米，田间持水量达到 60%～80%。

如果在果园安装张力器，灌水量和灌水时间均可由真空计量器的读数表示出来。

灌水量可采用公式计算：W＝S×H×V（H－HR），其中：W 为灌水量（吨）；S 为灌水面积（米^2）；H 为灌水深度（米），一般要求 0.4～0.6 米；V 为土壤容重，黏性土为 1.15～1.20，壤土为 1.20～1.25，砂质土为 1.30～1.35；H 为田间持水量；HR 为灌前土壤湿度。按照计算，北方果园在不太干旱的情况下，每 666.7 米^{2}每次灌水量在 33.3 米^{3}左右。

(3) 灌水方法

• 滴灌。滴灌即滴水灌溉的简称，是一种先进、高效、节水的灌溉方法，对平地、山地、坡地葡萄园都十分适用。方法是利用滴灌系统，将水和溶于水中的肥料溶液加压、过滤，经逐级管道输送到设在葡萄架面的滴水管中，通过滴头滴渗到根

系土壤中，使根际土壤经常保持一定的含水状态。

• 膜下滴灌。是把地膜覆盖栽培与滴灌结合起来的一项技术，葡萄园内铺设滴灌系统，再采用专用塑料薄膜，顺栽植行铺膜，宽度 0.8～1 米。2～3 月整地后进行，配合地膜覆盖的增温保墒作用，从而达到节水、节肥、节药、高产、优质的目的。

• 微喷灌。微喷灌有的地方称为雾灌。与滴灌相似，只是为了克服滴头易堵塞的缺点，将滴头改为微喷，由于微喷头出流孔口大一些，流量大一些，流速快一些，所以不像滴头那么容易堵塞，但流量加大了。毛管相应也要加粗一些，每棵树下装 1～2 个微喷头一般即可满足灌溉的需要。

• 渗灌。渗灌与地下滴灌相似，只是用渗头代替滴头全部埋在地下，渗头的水不像滴头那样一滴一滴地流出，而是慢慢渗流出来，这样渗头不容易被土粒和根系堵塞。渗灌技术可以解决干旱地区果园的灌水问题。

• 分根区灌溉。所谓分根区灌溉是对葡萄根系进行分区交替灌溉，使一部分根区土壤始终处于适度干旱状态，另一部分有充分的水分供应。利用植物在水分胁迫下产生根源信号（ABA）来检测土壤中可利用水量，进而调节气孔开度和水分消耗，并改进干旱土壤中葡萄根源信号。这种灌溉方法不仅使用水量减少了一半，而且不影响产量和果实大小。这对我国干旱、半干旱地区葡萄园水分管理将有积极指导意义。可结合葡萄园灌溉系统的具体条件，如有正常滴灌设施的可改造成为分根交替滴灌系统；而采用传统式大水漫灌的也可进行分根控制性交替小畦式灌溉，以期最大限度的提高葡萄水分利用效率。

• 畦灌和沟灌。畦灌和沟灌都是传统的地面灌溉方法，畦灌，即分畦浇水；沟灌，即行间挖沟浇水，浇水后填平。采用这些方法要注意节水，减少输水过程中的水分渗漏和蒸发。

10. 葡萄园排水的关键技术有哪些?

土壤水分过多，会引起果树徒长甚至发生涝害。因为水分过多，则氧气不足，抑制果树根系的呼吸，降低吸收机能，严重缺氧时，引起根系死亡；同时，地上部分表现出缺水的症状，如叶片萎蔫、叶黄枯焦、落叶，甚至整株死亡。因此应注意排水防涝。

葡萄园排水多采用挖沟排水法，即在葡萄园规划修建由支沟、干沟、总排水沟贯通构成的排水网络，并经常保持沟内通畅，一遇积水则能尽快排出葡萄园。

排涝一定要彻底。已经受涝害的果树，首先要排除积水，在根茎部位扒土晾晒，及时松土散墒，使土壤通气，使根系机能尽快恢复。

(二) 葡萄园土肥水管理疑难问题详解

1. 葡萄园为什么要改良土壤?

土壤改良的目的是把土壤改造成为最适宜葡萄根系生长的土壤。良好的土壤能够为葡萄根系提供水、肥、气、热的良好条件，必须有良好的土壤结构。而相当数量的葡萄园土壤达不到这一标准，就得改良；另外，一般农田由于常年耕作形成犁底层，葡萄根系较深，种植葡萄则不利于根系向下生长，深翻熟化可打破犁底层。

土壤可以分为砂土、黏土、壤土三类。砂土含沙量多，颗粒粗糙，渗水速度快，保水性能差，通气性能好；黏土含沙量少，颗粒细腻，渗水速度慢，保水性能好，通气性能差；壤土含沙量一般，颗粒一般，渗水速度一般，保水性能一般，通气性能一般，介于黏土和砂土之间，兼有黏土和砂土的优点。最适宜葡萄根系生长的是壤土，其次是介于它们之间的砂壤土、

黏壤土。可以改良土壤结构和理化性质，改善土壤通透性，提高土壤肥力，提高土壤含水量，加速土壤有机质的腐熟和分解，提高土壤微生物含量与活动，从而提高土壤肥力，改良土壤性质，加深耕作层，为根系生长创造良好的条件。在深翻改土过程中，一部分老根会被切断，这有利于促进萌发新根，增加根系密度，增强其吸收土壤养分的能力。

培土掺沙使土壤质地改变，增厚土层，保护根系，增加营养，改良土壤结构。

2. 葡萄园土壤管理采用哪种制度好？

葡萄园土壤管理制度各有利弊，应该根据实际情况，兴利去弊，合理选用。

清耕法果园土壤疏松，地面清洁，土壤养分转化快，中耕除草切断毛管，减少水蒸气。其主要缺点是：长期清耕破坏土壤结构，水土流失、风蚀严重，在表层以下有一个坚硬的“犁底层”，影响通气和渗水；土壤有机质含量减少，对人工施肥，尤其施有机肥的依赖性大；表层土温变化剧烈，不利于表层根系的生长发育；劳力投入多，劳动强度大，生产成本高。目前的葡萄园多数仍用清耕法。

生草能够改良土壤结构，提高土壤有机质含量和土壤肥力；防止水土流失，尤其是山坡地、河滩沙荒地，效果更突出；能有效保持水土，涵养水分，富集水分，调节地温；能改善果园生态环境，形成良好的果园生态系统，为害虫天敌提供生存繁殖条件，有利于生物防治；能抑制杂草生长，减少用工，改变地表条件，方便作业。能创造果树生长发育的良好条件，提高果园综合效益。果园生草也有其缺点，如草与果树有营养竞争，需要较好的水利条件等，但总的看，利多弊少。1998 年 10 月，农业部将果园生草覆盖技术纳入今后绿色果品生产技术体系，向全国推广。

地膜覆盖能够增温保墒，抑制杂草生长，加快土壤养分转化，还能控制一部分地下越冬害虫出土上树危害。对提高幼树栽植成活率和土壤水分利用率效果显著，但有机质消耗快，应注意增施有机肥。

覆草可以增加土壤有机质，改善土壤理化特性，提高土壤肥力，保墒并稳定表层温度，还能抑制杂草生长。此种方法在山区、半干旱区应用较生草法更适宜。其缺点是费材料、费工，只宜在劳力多、秸秆材料丰富又方便的地区实施，同时注意覆盖物上适当压土，适时补充秸秆材料，重视防火和鼠害，尽量减少其副作用。

实行免耕法的土壤无“犁底层”形成，适于果树根系生长，果园通透性好，清园作业容易进行。但土壤有机质消耗快，对人工施肥依赖性更大。

3. 葡萄为什么要施肥?

施肥的实质是补充土壤和空气供给葡萄所需营养元素的不足。

葡萄生长发育所必需的营养元素有 16 种，即碳、氢、氧、氮、磷、钾、镁、硫、钙、铁、硼、锰、铜、锌、钼和氯。其中，前 9 种需要量较多，称为大量元素；后 7 种需要量较小，称为微量元素。这些元素的不足或过剩，都会影响果树的生长发育。

营养元素中，碳来自于空气中的二氧化碳，空气中二氧化碳约占 0.03%，二氧化碳通过光合作用成为树体的营养成分，露地栽培二氧化碳不用我们操心，设施栽培有时二氧化碳少，影响葡萄的光合作用，就要进行二氧化碳施肥；氢、氧来自于水，满足水分供应就行；其他元素主要由土壤提供。土壤中含有营养元素，但由于种类不全、数量不足，不能满足葡萄正常生长发育和高产稳产对营养元素的需求，这就需要我们施肥来

补充。

肥料包括有机肥和无机肥。无机肥主要是提供营养元素；有机肥如圈肥、牲畜粪便等除提供营养元素外，还有改良土壤等作用。良好的土壤能够满足葡萄根系对水、肥、气、热的要求。有机肥中有机质经过微生物分解，不但产生营养元素，还能产生一些改良土壤的物质。土壤理想的有机质含量为5%～7%。

施肥是葡萄园管理的重要环节，施肥要合理。合理施肥是根据土壤供给量与果树生长发育所需，适时、适量施入，种类和比例适宜，使用方法正确。

4. 肥料有哪些种类？

肥料有不同的分类方法。肥料通常分可为有机肥料、化学肥料、生物肥料、复混肥料、有机-无机复混肥料、配方肥料等。按照来源还有农家肥料、商品肥料、城市垃圾肥料、工厂有机下脚料制成的肥料等。

（1）有机肥料

有机肥料绝大部分是由动植物残体经过各种不同分解转化而产生的，含有丰富的有机质，并能够供给作物生长发育所需的一定量的营养元素，营养元素种类较多，养分比较全面。施用有机肥料可以增加土壤养分含量，改良土壤结构，改善土壤的水热状况，增加生理活性物质，改变土壤盐碱性，提高化学肥料的利用效果。有机肥料的缺点是体积大、养分含量低、肥效慢等。单靠施用有机肥料还不能满足生产的需求，因为葡萄需要量较大的元素不一定能足量提供，还必须在改进其他农业技术措施的同时，配合施用化学肥料。

（2）化学肥料

化学肥料，一般称为化肥，是某些矿物的加工或是由工厂直接合成制造的产品。化学肥料具有养分含量高，便于运输、储藏和施用，肥效快，增产效果显著等优点。化肥的缺点是养分元素单一，如尿素就是纯氮肥，但也有多元素肥料，如氮磷钾复合肥、加入微量元素的复混肥等；化肥一般不含有机质，长期单一使用会破坏土壤理化性状；化学肥料浓度高、溶解度大，使用不当容易造成危害；若直接接触种子或根系，易烧籽、烧苗；若使用时间、方法不当，会造成贪青倒伏、养分流失、果品品质下降。化学肥料的使用要扬长避短，起到补充土壤供给葡萄营养元素不足的作用即可。

（3）微生物肥料

微生物肥料是以微生物生命活动的产物来改善作物营养，或发挥土壤潜力，或刺激作物生长从而提高作物产量。微生物肥料与有机肥料、化学肥料一样是农业生产中的重要肥源。从现代农业生产中倡导的绿色农业、生态农业的发展趋势来看，不污染环境的无公害生物肥料，必将会在未来农业生产中发挥重要作用。

（4）复混肥料

复混肥料是指同时含有氮、磷、钾三要素或只含其中任何两种元素的化学肥料。复混肥料的生产标准不仅包括氮、磷、钾养分含量，还包括水分、粒度和氯离子含量等指标。

（5）有机-无机复混肥料

有机-无机复混肥料是指含有一定有机肥料的复混肥料。为了保证产品质量，其生产标准与复混肥料相比，除了在外观、总养分、水分、粒度等方面均有要求外，还增加了如下项目：有机质含量≥20%，肥料 pH 值 5.5～8.8，蛔虫卵死亡率≥95%，大肠菌值≥10^{-1}（为保证达到这一指标，有机肥必须进行充分发酵），氯离子≤3%；对重金属也做了规定，因此要严格控制重金属含量高的垃圾等作有机肥原料。

（6）配方肥料

配方肥料是指以土壤测试和田间试验为基础，根据作物需

肥规律、土壤供肥性能和肥料效应，以各种单质肥和（或）复混肥料为原料，采用掺混或造粒工艺制成的特定区域、特定作物的肥料。目前生产中正全面推广配方肥料。

5. 葡萄施肥的依据是什么？

葡萄施肥是把肥料主要施入土壤中，供葡萄利用，所以施肥应根据树体、肥料、土壤与环境三者来确定。包括施肥的时间、施肥的种类与比例、施肥的数量和方法的确定。

（1）树体

施肥要根据葡萄需肥规律和营养状况进行。葡萄不同品种、树龄、树势、产量、物候期等要求的肥料种类、数量、比例、使用时间各不相同。早熟品种前期需要养分较多。不同年龄时期的发育方向不同，器官建造类型不同，对养分的需求量和比例也就不同。幼树、旺树、结果少的树比大树、弱树、结果多的树施肥少。幼树、旺树，要少施氮肥，增施磷钾肥，以有机肥为主，施肥量以不刺激旺长为原则。成年树施肥以产量和长势为主要依据，增加施肥量，且要注意氮、磷、钾的合理搭配。衰老树、弱树增施氮肥，结果多、产量高的树和年份应多施肥。生长期短的地区，生长后期要少施氮肥，以便新梢及时停长，利于越冬。适量是解决果树需肥矛盾的关键所在。生长期需肥多于休眠期，不同物候期需肥不同，施肥有最大效率期。

据材料分析，每增加 100 千克葡萄产量，需从土壤中吸收氮（N）0.3～0.55 千克、磷（P_2O_5）0.13～0.28 千克、钾（K_2O）0.28～0.64 千克。

（2）土壤

土壤的类型、营养元素种类和含量、土壤水分等影响施肥效果。沙地、山地果园土壤瘠薄，施肥量大；土地肥沃的平地果园，养分释放潜力大，可适当减少肥量。沙土地上肥料容易流失，应少量多次施入，同时多适有机肥，以改良土壤。养分溶于水中才能被根系吸收，降雨前施肥，或施肥后浇水。

（3）肥料

肥料性质的种类、性质等不同，施肥不一样。基肥以有机肥为主，秋季施用最好；追肥在生长前期以氮肥为主，后期氮磷钾配合。氮肥60％作为基肥，磷肥混合有机肥全部作基肥施入，速效磷肥可部分作为追肥，钾肥50％作为基肥。过磷酸钙等直接施入土壤易被固定失效的肥料，要混合有机肥堆积腐熟后使用。尿素等速效肥料应在需肥稍前，少量多次使用，防止流失。

6. 怎么防止葡萄缺素症?

葡萄防治缺素症的关键是针对造成的原因，以防为主，及时发现，对症防治。葡萄生长发育需要各种营养元素，如果一种或几种营养元素缺少时，就会引起某些生理过程的失调，出现缺乏该元素的特殊性状，这就是缺素症。为什么会缺乏某些营养元素，主要由以下几种原因造成，针对这些原因我们可以施加措施进行预防。

• 土壤贫瘠

由于受成土母质和有机质含量等的影响，土壤中某些种类营养元素的含量偏低，又没有施肥补充，造成营养缺乏。防治措施就是改良土壤，多施肥，尤其是多施有机肥，保证起码的营养元素供应；科学施肥，根据葡萄需肥特点，及时施足肥料，以使土壤中养分全面，比例适宜，防止发生缺素症状；发现缺素症状后，及时有针对性地施肥，矫正缺素症状，使植株正常生长。

• 不适宜的pH值

土壤pH值是影响土壤中营养元素有效性的重要因素。在pH值低的土壤中（酸性土壤），铁、锰、锌、铜、硼等元素的

溶解度较大，有效性较高；但在中性或碱性土壤中，则因易发生沉淀作用或吸附作用而使其有效性降低。磷在中性（pH 6.5～7.5）土壤中的有效性较高，但在酸性或石灰性土壤中，则易与铁、铝或钙发生化学变化而沉淀，有效性明显下降。通常是生长在偏酸性和偏壤的植物较易发生缺素症。酸性土、碱性土的改良在建园前就要进行，酸性土壤适时增施石灰，定向进行改良，酸性田在整地时，头年施石灰40千克，第二年施20千克，第三年施10千克，直到变为微酸性或中性土壤，这是改良酸性土的关键措施；增施农家肥，培养土壤肥力；种植耐酸作物，边利用边改造，耐酸作物有绿豆、红茹、油菜、荞麦、红兰花草子和水稻，通过整地、施肥、管理，使土壤活化，加深耕层，调整酸度；改进栽培技术，防止水土流失，实行播后盖膜，雨后适墒中耕，选用碱性肥料（如碳铵、磷矿石粉、氨水）。盐碱地建园前可先种植耐盐的绿肥作物（如田菁、三叶草、豆类）、修筑台田和覆草，可减轻盐的危害；多施农家肥，改良土壤，培肥地力，增强土壤的亲和性能，雨后或灌水后及时中耕松土；三沟配套，降低水位，灌水洗盐；使用酸性肥料，如硫酸铵、硝酸铵、氯化铵、过磷酸钙、磷酸二氢钾、硫酸钾等，定向中和碱性。

- 营养元素比例失调

如果大量施用氮肥会使植物的生长量急剧增加，对其他营养元素的需要量也相应提高。如不能同时提高其他营养元素的供应量，就导致营养元素比例失调，发生生理障碍。土壤中由于某种营养元素的过量存在而引起的元素间拮抗作用，也会促使另一种元素的吸收、利用被抑制而促发缺素症。如大量施用钾肥会诱发缺镁症，大量施用磷肥会诱发缺锌症等。营养元素比例失调的防治措施是平衡施肥。

- 恶劣的气候条件

恶劣的气候条件，首先是低温。低温一方面影响土壤养分的释放速度，另一方面又影响植物根系对大多数营养元素的吸收速度，尤以对磷、钾的吸收最为敏感。其次是多雨造成养分淋失，中国南方酸性土壤缺硼、缺镁即与雨水过多有关。但严重干旱，也会促进某些养分的固定作用和抑制土壤微生物的分解作用，从而降低养分的有效性，导致缺素症发生。应根据具体情况，有针对性的实行预防措施。

7. 葡萄为什么要灌水?

灌水是为了补充土壤供给葡萄所需水分的不足。

水是生存的重要生态因子，葡萄生长发育需要大量水分。水是葡萄树体的重要组成成分，葡萄浆果含水量80%以上，光合作用、蒸腾作用、物质运输、新陈代谢等各种生理活动都必须在水的参与下才能正常进行。据研究，甲州和白玫瑰香（都属于欧亚种品种）的植株每产生1克干物质需蒸腾342毫升和423毫升水分；而康可（美洲种品种）和玫瑰露（欧美杂交品种）的蒸腾水量相应为182～502毫升。水可以调节树体温度，高温时降温，低温时升温，从而保护树体，避免或减轻灾害。水对土壤中矿物质的溶解和促进根系吸收利用起着极为重要的作用。

葡萄不同物候期需水不同，生长期大量需水，休眠期需水少。在生长期中，前期需水多，后期较少。

土壤中水分的自然来源主要是降水，一般降水的数量和时间难以满足葡萄各个时期生长发育的需要，必须人工灌水。

但水分过多也会造成危害，轻则发生旺长，影响结果，降低品质，严重时土壤通气不良，根的呼吸作用受到抑制，甚至迫使根系进行无氧呼吸，积累酒精，使蛋白质凝固，引起根系衰弱，导致死亡；土壤中水分和空气互为消长关系，土壤积水则通气不良，抑制好气性微生物活动，从而减缓对有机肥料的分解；土壤缺氧时，有机肥料会进行无氧分解，产生一氧化碳、

甲烷、硫化氢等还原物质，对根系有毒害作用，在土壤有机质越多、地温越高的情况下毒害越重。

8. 葡萄灌水的依据是什么？

葡萄灌水要“三看”：看树、看天、看地。就是根据树体本身的需求，结合天气和土壤状况进行，满足不同葡萄物候期对水分的要求。

（1）看树

葡萄树本身情况是灌水的主要依据。葡萄在各个物候期对水分的要求不同，需水量也就不同。在春季萌芽前，树体需要一定的水分才能发芽，此期若水分不足，会导致萌芽期延迟或萌芽不整齐，影响新梢生长。新梢生长前期，要求水分充足，降雨和灌溉有利于花序的继续分化和新梢生长，适宜水分为田间持水量的60%～80%。花期干旱或水分过多，以及水分急剧变化，都会引起落花落果，降低坐果率。新稍旺长期为需水临界期，需水较多，此期水分不足则生长受限，往往影响全年以及来年的生长发育。幼果膨大期是葡萄需水临界期，要及时供水，促进新梢、根系生长和幼果膨大。果实发育期也需一定水分，但过多易引起后期落果或造成裂果，还易造成果实病害。果实成熟期，水分要适当，以田间持水量50%～60%为宜，雨水过多或阴雨连绵会加重病害，裂果腐烂，降低果实品质。生长后期适当控水，有利于新梢成熟、营养积累和越冬。秋季干旱，枝条及根系提前结束生长，影响养分的积累和转化，削弱果树越冬能力；秋季多雨，易使枝、叶徒长，停止生长晚，影响越冬，7～9月降水量大的地区，应做好后期排水。冬季需水少，但缺少易造成冻害和抽条，只要浇好越冬水，一般能满足需要。

（2）看天

根据天气状况进行灌水，可以充分利用自然降水资源，可以减少费用开支，也防止涝害发生。北方一般春旱、夏涝、秋旱，一年中一般规律是前期灌水，后期灌水，中期控水。有雨情可以先不浇水，天不下雨，葡萄什么时候需水什么时候灌水。

(3) 看地

一般适宜生长的土壤含水量为60%～80%，土壤含水量小于60%就应考虑灌水。土壤的含水量可以用仪器测定，也可以凭经验来大致地判断。凭经验判断，可取距地表20厘米的耕作层土壤，壤土或沙壤土用手紧握能形成土团，再挤压时土团不易碎裂，说明土壤湿度约在最大持水量的50%以上，一般不必灌水，如果手松开后不能形成土团，则说明土壤湿度太低，需要灌水；黏壤土用手紧握能形成土团虽能成团，但轻压易裂，说明土壤含水量已少于田间最大持水量的60%，须进行灌水。不同类型的土壤保水能力不同，砂土地保肥保水能力差，浇水宜少量多次，以免肥水流失。

四、葡萄地上部管理技术

（一）葡萄地上部管理关键技术

1. 葡萄建架的关键技术有哪些?

建架的关键技术及其过程是：选择架式→选择架材→埋设立柱→架设铁丝。建架一般在建园时进行。

(1) 选择架式

葡萄架式选择要掌握以下原则：

①有利于丰产优质。一个丰产优质的架型和架式，要求在单位面积内容纳最大量的有效进行光合作用的叶片。这就要求单位面积内有较大且有效的架面，架型过大或架间不紧凑会减少架面和有效架面数。过于密集又造成架材的浪费，架面郁闭，影响品质。

②气候条件。冬季葡萄不埋土区或轻度埋土地区，多采用篱架。北方冬季葡萄埋土防寒地区，必须挖取大量的土，并要防止根系受冻，所以需要较宽的行距。南方多雨地区，须考虑选择有利于病害综合防治的架式，采用枝叶果适当远离地面的高主蔓树形则更有利于改善葡萄园的风光条件，降低果园湿度，这种树型要求采用棚架或高脚篱架（篱架第一道铁线距地面60～80厘米)。在生长季节易发生风害、雹灾的地区小棚架更有利。

③品种。生长势强旺的品种或果穗大、果穗梗长而偏脆的品种如龙眼、牛奶、里查马特则宜选择棚架。而对于那些生长势弱的酒用品种，如雷司令、黑彼诺等，采用大棚架很难获得早期丰产和高产，宜用篱架或T型架、Y型架。

④地势。坡度较大的葡萄园，土层较厚的地块可设等高线架设篱架，行距不宜超过 2.5 米。土层较薄的地块，宜顺山坡建倾斜式小棚架。庭院葡萄能充分利用宅旁、禽畜舍旁、路旁、渠井池旁等空间栽培葡萄，宜采用各种形式的棚架。

⑤管理水平及劳力情况。劳力充足、管理精细的葡萄园可选择棚架中的小棚架、篱架中的双臂篱架、V 型架等高产架式，这些架式都需严格控制新梢、副梢生长，夏季修剪较费工，而且管理稍有疏忽或劳力不济，架面极易郁蔽。

（2）选择架材

葡萄架的架材包括立柱、横杆、铁丝、坠石、U 形钉等。

①立柱。立柱可用水泥柱、木柱、石柱、钢管、角铁或塑料柱等。木柱柱径一般在 8～15 厘米。木柱上端可砍削成楔形，下端要进行防腐处理。防腐的方法有：浸入 5%硫酸铜液 4～5 天，取出风干后使用；或浸入煤焦油 24 小时；或浸入 5%五氯苯酚柴油液中 24 小时；或用沥青涂抹等。凡油浸的木柱，约需一个月才能干燥使用。水泥柱的截面可为方形、长方形、三角形。每柱内设直径为 0.6～0.8 厘米钢筋 3～4 根。截面长方形水泥柱宽度 10～15 厘米，厚度 8～12 厘米。预制水泥立柱时，应按预定距离加上铁环，以备穿拉铁丝。石柱柱宽度 15～20 厘米，厚度 10～15 厘米。钢铁架柱可用圆钢管或角钢。立柱长度 1.5～2.6 米。棚架、高篱架的负荷量大，尺寸大。

②横杆。用木棍、竹竿、钢管、三角铁等。

③铁丝。间距大的骨干线用 8～10 号镀锌铁丝，支线用 12 或 14 号镀锌铁丝。

（3）埋设立柱

单篱架立柱埋于行内株间或行的一侧，每隔 8～10 米设立 1 根，埋入地下 0.5 米左右，每行两端的立柱承受压力最大，需选用较粗大而坚固的立柱，并埋设坠石，用粗铁丝牵引拉紧，

以加强边柱的牢固性（图 4-1）。

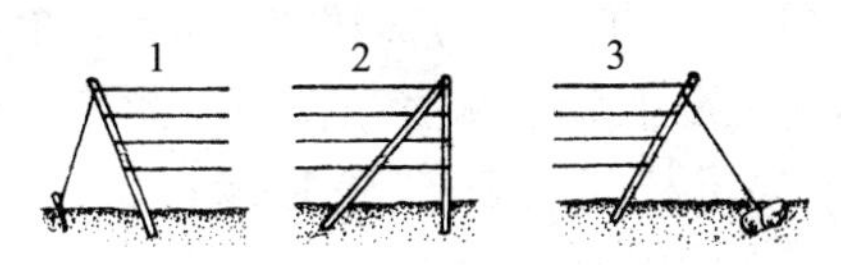

图 4-1　篱架边柱固定法

1. 拉铁丝　2. 设支柱　3. 埋锚石

棚架离葡萄 0.5～1 米每隔 3～4 米见方设立 1 根立柱，立柱埋入地下 0.5 米左右，每行两端的边柱承受压力最大，需选用较粗大而坚固的立柱，并在架的两端埋设锚石，用粗铁丝牵引拉紧，以加强边柱的牢固性。顺着主蔓延伸的方向在立柱上架设横梁。

（4）架设铁丝

单篱架在架面上每隔 40～60 厘米拉 1 道铁丝，并用紧丝器拉紧，然后用 U 形钉将铁丝固定在立柱上。

棚架在横梁上每隔 40～50 厘米拉 1 道铁丝，按位置用紧线器拉紧，用 U 形钉将铁丝固定在横梁上。可随着葡萄生长成形，逐年增拉铁丝，直至布满。

2. 葡萄扇形整形的关键技术有哪些？

葡萄扇形整形的关键技术是：确定树形，培养主蔓，培养侧蔓，配备结果枝组，快速整形。

扇形植株具有较长的主蔓，主蔓数量为 3～6 个，大型扇形的主蔓上还可以分生侧蔓，主、侧蔓上着生枝组和结果母枝，在架面上呈扇面形分布，故称为扇形。扇形有有主干或无主干之分，没有主干且有多个主蔓的称为无主干多主蔓扇形，生产上无主干多主蔓扇形采用的较多。扇形既可用于篱架，也可用于棚架，两者实质上无多大差别，只是树体大小、主干或主蔓高矮不同而已。

• 多主蔓自然扇形

多主蔓自然扇形无主干，每株留主蔓 3～5 个，两主蔓间相距 50～60 厘米，主蔓上分生侧蔓，在主、侧蔓上着生结果枝组和结果母枝，结果母枝间隔 20～30 厘米一个，多采用长、中、短梢混合修剪（图 4-2）。

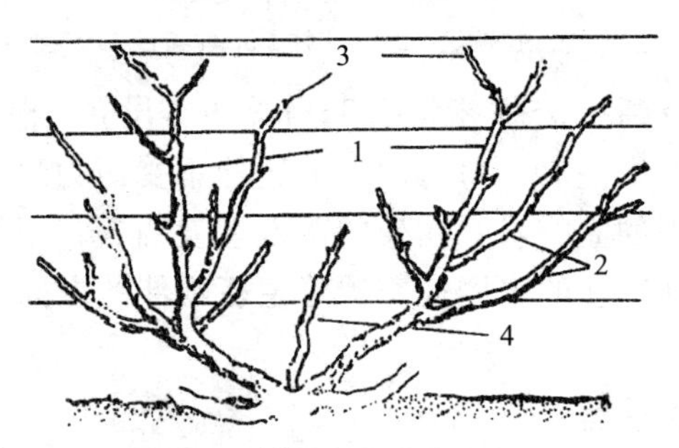

图 4-2 篱架多主蔓自然扇形

1. 主蔓 2. 侧蔓 3. 延长枝 4. 更新枝

篱架多主蔓自然扇形整形过程如下：

第一年，定植时留 5～6 个芽。发芽后选留 3～5 个新梢做主蔓培养。冬季修剪时，主蔓剪留 50～80 厘米（6～10 节），细弱的剪留 6 节以下。主蔓同时又作结果母枝，来年结果。

第二年，每主蔓上留 1～2 个侧蔓，1 米左右摘心，副梢可留 2～3 片叶反复摘心，其余枝培养结果母枝。冬剪时，根据强弱，主蔓剪留 8～10 个芽，侧蔓留 4～6 个芽，结果母枝按照品种要求修剪。

第三年，每主蔓、侧蔓继续选留新梢 2～3 个，培养结果母枝，冬剪时留 5～8 个芽。每年均应及时抹芽、摘心、处理副梢，一般 3～4 年即可布满架面。

多主蔓扇形易早成形，结果面大，修剪灵活，主蔓易更新，便于埋土防寒。

如果定植苗木质量高，管理好，植株生长健旺，枝蔓达到

高度即可摘心，相当于冬季整形修剪，副梢长出后按照以上整形步骤处理，摘1次心相当于冬季整形修剪1次，可以1～2次快速完成整形。由于葡萄新梢生长快，容易出副梢，且副梢健壮副梢也能形成花芽成为结果母枝，任何树形都可以快速整形。

棚架多主蔓自然扇形整形过程与篱架相同，只是主蔓高度增加（图4-3）。

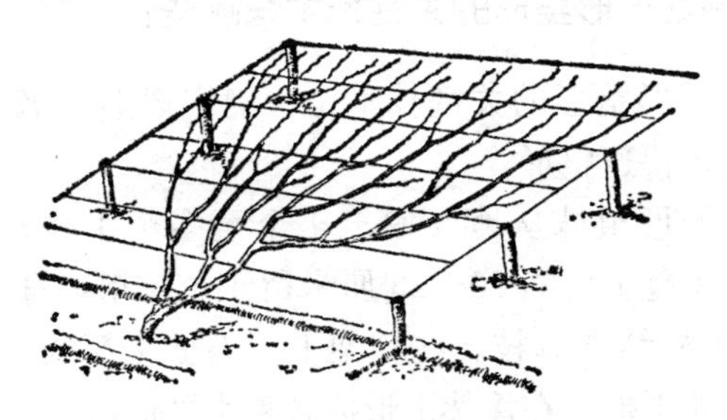

图4-3　棚架多主蔓自然扇形

- 多主蔓规则扇形

多主蔓规则扇形无主干，多主蔓，无侧蔓，主蔓上直接着生枝组。根据架面高度和株行距明确规定主蔓数、角度和距离，以及枝组数量、分布和剪留长度，规则地在架面上扇形分布。如单壁篱架，株距2米，每株留4个主蔓，每主蔓留3～4个枝组（图4-4）。整形过程与多主蔓自然扇形基本相同，枝组培养采用短梢修剪，枝组修剪采用双枝更新。

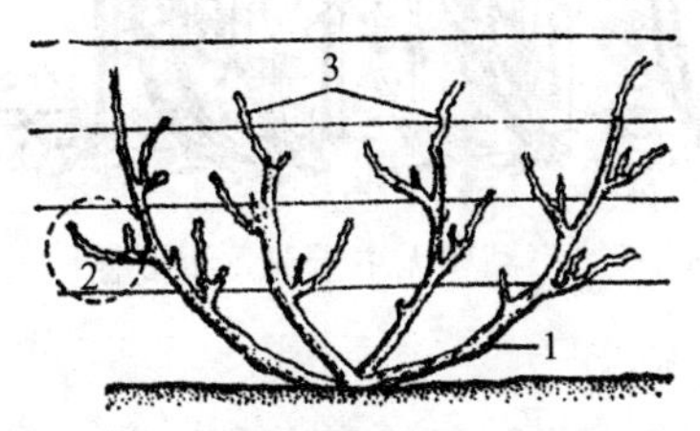

图4-4　篱架多主蔓规则扇形

1. 主蔓　2. 枝组　3. 延长枝

• 小扇形

栽植密度大的葡萄园，或实行压条制和一年一栽制葡萄园，不需要大型整枝，从地面发出1～2个枝作为结果母枝，垂直或倾斜引缚在铁丝上，就能布满架面，新梢发出后呈扇形绑在上道铁丝上，形成小扇形。小扇形整个植株可以看做是1～2枝组。

3. 葡萄龙干形整形的关键技术有哪些?

葡萄龙干形整形的关键技术是：确定树形，培养主蔓，配备结果枝组，快速整形。

葡萄龙干形植株从地面发出1个至多个主蔓，引缚上架，不分侧蔓，主蔓上每隔20～25厘米留1个枝组，每年在枝组内留1～2个短梢结果母枝。在棚架上，根据主蔓数分为独龙干、双龙干和多龙干形；在篱架上形成各种水平形树形。

• 双龙干形

棚架双龙干形，无主干，2条主蔓，株距1米。从地面直接选留主蔓，平行引缚上架，主蔓上不再分生侧蔓，按30～50厘米的距离培养结果枝组和结果枝，多采用中短梢修剪（图4-5）。

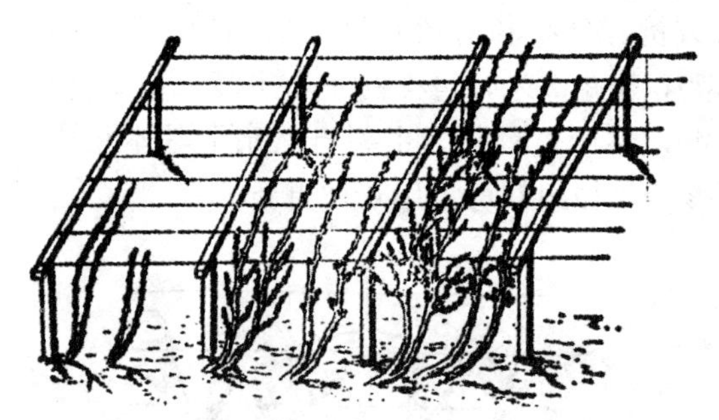

图4-5 小棚架无主干双龙干形整形过程

整形过程如下：

第一年，定植时留2～3个芽剪截，萌发后选留2个新梢用以培养主蔓。当新梢长至1米以上时摘心，其上副梢可留1～2

片叶反复摘心。冬剪时，主蔓留 12～18 个芽。

第二年，主蔓发芽后，抹去基部 30 厘米以下的芽，以上每隔 25～30 厘米留 1 壮梢。夏季对延长梢留 15～18 节摘心，对其上萌发的副梢每隔 25～30 厘米保留 1 个，留 3～5 片叶摘心，其余副梢除去。冬剪时延长蔓剪留 12～15 个芽（长约 1～1.2 米），对培养枝组的壮梢剪留 3～4 个芽。

第三年，在上年留的结果母枝上，各选留 2～3 个好的结果枝或发育枝培养枝组，方法是在 10 片叶左右摘心，及时处理副梢，并使延长蔓保持优势，继续延伸，布满架面。冬剪时可参考上年方法。一般 3～5 年完成整形任务。

需要指出的是，在我国东北、西北、华北等一些冬季埋土防寒地区，为了埋土、出土的方便，在培养龙干时，要注意龙干与地面的夹角，特别是基部 30 厘米左右这一段，与地面的夹角要尽量小，一般控制在 20°以下。

• 单臂水平形

单臂水平形有单臂单层水平形、单臂双层水平形，单臂三层水平形等，都是主蔓向一个方向水平伸展。单臂多层水平形也有人成为半扇形，无论怎么分类，都是为了更好地总结、学习、研究、应用方便，只要理解了其实质灵活运用就行了。

①单臂单层水平形。只有一个主蔓，主蔓上着生结果枝组和结果母枝，主蔓水平引缚在篱架的第一道铁丝上，结果枝绑在第 2、3 道铁丝上（图 4-6）。整形过程很简单。

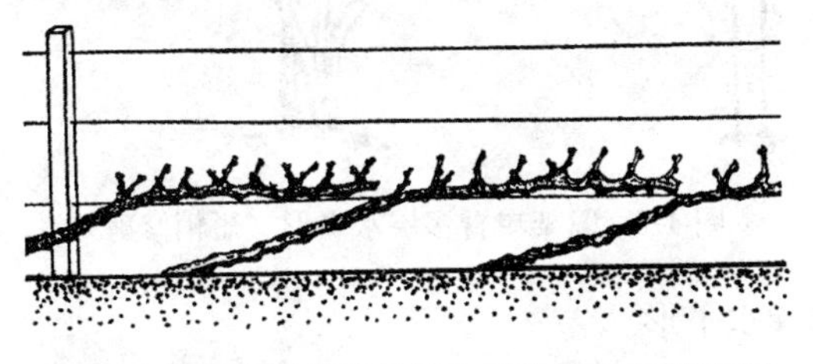

图 4-6　篱架斜干单臂单层水平整枝（短梢修剪）

整形过程是：

株距1～2米，定植当年留一个新梢作为主蔓培养，达到2米进行摘心，处理副梢。冬季修剪在两株交接处剪截。第二年将其引缚在第一道铁丝上，各株的主蔓向同一方向引缚。所以，第一年冬剪主蔓剪留长度，基本就是干高加株距。

第二年主蔓上10～15厘米留一个结果枝，每米留6～7个结果枝，其余疏除。冬剪时实行短梢修剪，留2～3个芽短截。如果第一年主蔓长度不够，第二年可用最先端的结果枝继续延伸，第三年水平引缚在第一道铁丝上。

第三年主蔓上10～15厘米留一个结果枝，冬剪时实行单枝更新或双枝更新。

②单臂多层水平形。两个及两个以上主蔓向一个方向延伸的树形，即单臂双层水平形、单臂三层水平形、单臂四层水平形（图4-7）等，整形过程与单臂单层水平形类似，只是第一年同时培养多个主蔓，分别同一方向引缚在第一道及其以上铁丝上。

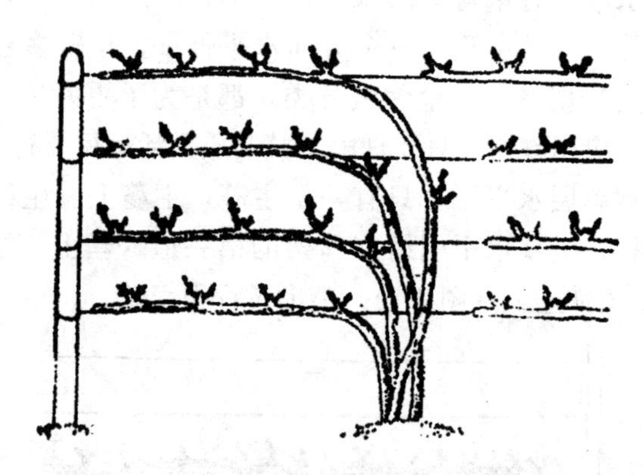

图4-7　篱架单臂多层水平形（短梢修剪）

• 双臂水平形

双臂水平形有双臂单层水平形、双臂双层水平形、双臂三

层水平形等，都是主蔓向相反的两个方向水平伸展。

①双臂单层水平形。双臂单层水平形，有两个主蔓，在第一道铁丝上向两个方向水平延伸，两个主蔓可以由同一主干发出，为单干双臂水平形；也可以由地面发出，为无主干，多主蔓。水平主蔓上着生结果枝组（图 4-8）。

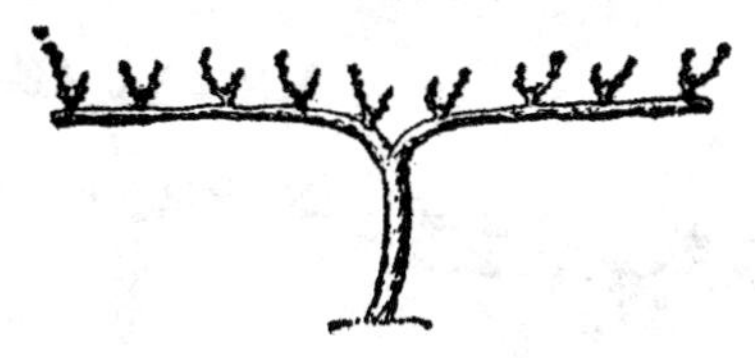

图 4-8　篱架双臂单层水平形

整形过程是：

定植当年，每株选留 1 个或 2 个生长健壮的新梢做为主蔓培养，其余新梢抹去。如果是单干双臂水平形，选留 1 个新梢做为主蔓培养，当苗长至第一道铁丝后，进行摘心，再从发出的副梢中选留 2 个健壮的，向两侧斜上方引缚，做为主蔓培养。冬剪时将两斜生枝蔓水平引缚于第一道铁丝上，向两个方向水平延伸，并在两株交接处剪截。第二年将其引缚在第一道铁丝上。如果选留 2 个新梢培养，直接培养为主蔓即可。

第二年春主蔓长出的新梢中，按水平方向每相距 15～20 厘米选取一健壮新梢向上引缚，其余芽、梢全部抹除。如果第一年主蔓过弱长度不够，可选主蔓先端的强壮新梢做延长梢，不让其结果，当其生长够长后摘心，控制其延伸生长。冬剪时，用于顶端延长的延长蔓根据架面剪截，在主蔓上每隔 20～25 厘米留一个结果母枝并各剪留 2～3 个芽进行短梢修剪，多余的剪除。

以后每年的主要修剪任务是枝组的培养和更新。

②双臂多层水平形。两个及两个以上主蔓向两个方向水平延伸的树形，即双臂双层水平形（图 4-9）、双臂三层水平形、

双臂四层水平形等，需要埋土防寒主蔓矮些（图 4-9 左），不埋土防寒主蔓可适当高些（图 4-9 右）。整形过程与双臂单层水平形相同，只是在第 2～3 道铁丝上用同一方法再留一层臂枝，最好从基部培养，成为无主干多主蔓树形，否则会相互影响，造成上强下弱或下强上弱的不良后果。

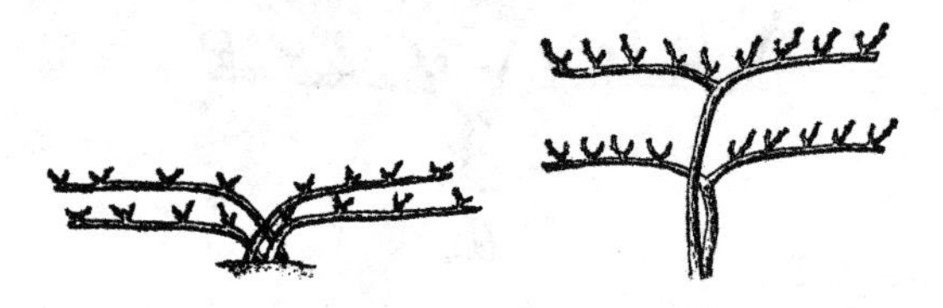

图 4-9　篱架双臂双层水平形

4. 葡萄冬季修剪的关键技术有哪些？

葡萄冬季修剪的关键技术包括：确定修剪时间、选留结果母枝、确定结果母枝剪留长度、确定结果母枝剪留数量、枝蔓更新。

(1) 确定修剪时间

冬季修剪在落叶后至发芽前的休眠期进行。秋季叶片制造的养分要输送到根部贮存，落叶后一段时间继续输送，一年生枝中还有尚未完成回流贮存的养分，剪除枝条会造成营养损失；发芽前树液已经开始流动为萌芽做准备，部分养分进入一年生枝，剪除枝条也会造成营养损失，而且过晚修剪造成新鲜伤口，会推迟发芽，加大伤流量，浪费营养。所以，葡萄冬季修剪从落叶后 3～4 周开始到伤流前 3～4 周结束比较适宜。

具体时间因各地区气候条件和管理措施不同而异。在不埋土防寒的地区，适宜在严冬过后进行，防止修剪后万一有枝芽受冻，使保留枝芽量减少，影响产量；在葡萄易受春季晚霜危害的地区可适当晚剪；而冬季寒冷需埋土防寒地区，在埋土之前修剪，华北地区时间一般在 10 月下旬至 11 月上旬，即霜降前后开始，在 10 天左右内完成。

(2) 选留结果母枝

结果母枝是来年结果的基础，也是整形和维持树形的基础。冬季修剪首先要选择优良结果母枝，既保证来年的产量，又能维持树形。凡是生长健壮，粗细适度，节大，节饱满，皮色正常，又无病虫害的一年生枝蔓均可作为优良的结果母枝和预备枝。生长健壮的二次枝，也有抽生结果枝的能力，在一次枝不足的情况下，也可以留用。部位适当的徒长枝，可作主蔓的更新预备枝。选留好结果母枝和预备枝后，其余的枝疏除。

在质量相似的情况下，枝蔓的选留、疏除枝应按“五去五留”的原则进行：去高（远）留低（近），去密留稀，去弱留强，去老留新，去徒长留健壮。去高（远）留低（近），使结果部位靠近骨干枝，延缓结果部位外移。弱枝、徒长枝不能形成花芽或花芽质量差。去老留新，是尽量用靠近骨干枝的一年生枝。

(3) 确定结果母枝剪留长度

结果母枝剪留长短，应据品种、树形、管理水平等来决定。

①品种特性。生长旺，结果母枝基部芽眼结实率低，花芽分化节位高的品种，如森田尼、无核、里扎马特、巨星、意大利等，以长、中梢修剪为主，以提高结实率，提高产量。花芽分化偏中部的品种，如京亚、巨玫瑰、红提、美人指、京秀、巨峰等，以中梢修剪为主，中、长梢修剪结合。生长中庸或偏弱，花芽着生节位低，基部芽眼结实率高的品种，如玫瑰香、白羽、法国蓝、绯红、瑞比尔、黑玫瑰等，适于中、短梢修剪。

②枝条生长情况和着生部位。凡粗壮而成熟良好的枝条适当长留，弱枝下部的花芽分化好应适当短留，成熟差的枝短留。空间大，适当长留；架面枝条较多，适当短留。延长枝长留，预备枝短留。

③树形。架式、树形和剪留母枝长度相辅相成。多主蔓自然扇形，以长、中梢或长、中、短梢混合修剪为宜。龙干形整

枝，则以短梢修剪和中、短梢修剪为宜。

④管理水平。条件好、管理水平高的情况下，枝条生长健壮，宜长、中、短梢混合修剪；相反，条件差、管理水平低，如土壤瘠薄，肥水不足，干旱地区栽培，植条生长较弱，以短梢修剪较好。

⑤调查研究。调查研究总结经验是解决问题的好方法，葡萄是多年生植物，综合表现的信息都记录在树体上，要善于观察。调查去年结果母枝不同的剪留长度发出结果枝的结果情况，就可以作为结果母枝剪留长度的依据，如果长、中、短梢修剪均结果良好，冬剪时选择的余地就大了；短梢修剪均结果不好，冬剪时只能采用长、中梢修剪。

⑥综合应用。具体修剪操作时，很少用单一方法确定母枝剪留长度。多根据主要决定因素，以一种方法为主，配合其他方法。如巨峰多主蔓自然扇形修剪，以中梢修剪为主，配合长、短梢修剪。

(4) 确定结果母枝剪留数量

结果母枝的数量要适当，过少影响产量，过多则造成不良后果。

• 根据计算。结果母枝剪留数量可用下列公式进行推算，所得结果作为留结果母枝数量的参考。

每株留结果母枝数＝计划产量/（每结果母枝平均果枝数×每果枝平均果穗数×每果穗平均重量）

每株留结果母枝数，实际上就是计划产量分担到每个结果母枝上，得出的数值。

如果计划每株产量 30 千克，据历年经验和品种介绍，每结果母枝平均抽 2 个结果枝，每结果枝平均结 1.5 穗，每果穗平均重 375 克，则

每株留结果母枝数＝30/（2×1.5×0.375）≈27（个）

实际修剪，较计划多留 10％～20％的保险系数，以防枝条

和果穗的意外损失。这是按树定产，也可由留母枝数预测来年的产量。还应考虑预备枝和结果枝的比例。

• 根据经验。葡萄盛果期的留芽眼数，约为每年布满架面所需新梢数的2倍左右。如单篱架，每米留新梢10个左右，冬剪留芽眼数约为20个。在留芽眼数确定的情况下，母枝剪留长度与留母枝数互为消长的关系。上述20个芽眼，如果母枝均中梢修剪留4～5个芽，则需留4～5个结果母枝，平均20～25厘米1个结果母枝。

根据经验，留枝量、留芽量还可因品种而定。结果枝率高的品种，如瑞比尔、红宝石无核、87-1、绯红、巨峰等，以自由扇面为例，修剪时，每666.7米^{2}留芽量为8000～9000个，留枝量2500～2800条。以V型架为例，每666.7米^{2}留芽量7500～8000个，留枝量2000条左右。结果枝率中等的品种，如意大利、黑玫瑰、秋黑等，每666.7米^{2}留芽量为8500～10000个。结果枝率极低的品种，如美人指每666.7米^{2}留芽量为1.5万～1.6万个。根据结果母枝剪留长度，留枝量和留芽量可以换算。

• 一个果园的留枝量要相对稳定。一个果园，管理水平、葡萄生长情况、产量、质量等相对稳定，留枝量也应相对稳定。

(5) 枝蔓更新

葡萄植株枝蔓更新，可以防止结果部位外移，防止下部光秃，保持树势健壮，保证产量和质量，延长经济结果年限。

①结果母枝的更新。结果母枝更新有单枝更新、双枝更新两种方法。

• 单枝更新。冬剪时，结果母枝既结果，又作为预备枝，不单留预备枝。结果母枝分别按长、中、短梢修剪，春季上架时短结果母枝直立引缚，结果后，下年冬剪时，选一健壮、部位低的枝留作结果母枝，其余枝疏除；中、长梢修剪的结果母枝上架时水平或下弯，使中上部抽生结果枝结果，基部选择1个生长健壮的新梢，不结果，培养为来年的结果母枝（更新枝），冬剪时，上部剪除，只留基部更新枝（图 4-10）。以后每年如此反复进行。此更新法适于发枝力弱的品种。

图 4-10　单枝更新法
1. 生长期　2. 冬剪后

• 双枝更新。每个枝组由一个结果母枝和一个预备枝组成，结果母枝长留，中、长梢修剪；预备枝留 2～3 个芽，短梢修剪，一长一短，上长下短。结果母枝结果后，冬剪时缩剪掉。预备枝上选 2 个健壮一年生枝，冬剪时上面一个作结果母枝用，采用长、中梢修剪，下面一个作预备枝剪，留 2～3 个芽（图 4-11）。每年如此反复进行。经过多次更新以后，结果部会逐步外移，更新部位会伤疤累累，在枝组基部发出健壮枝时，应留作结果母枝或预备枝，把整枝组更新，使枝组靠近主蔓。

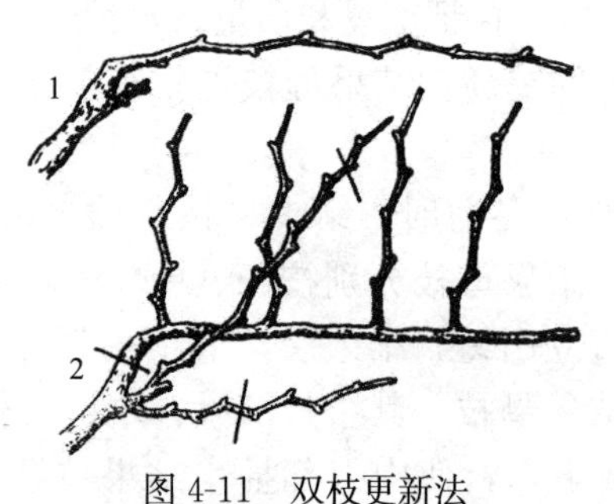

图 4-11　双枝更新法
1. 第一年冬剪　2. 第二年冬剪

②多年生枝蔓的更新。多年生枝蔓的更新复壮有彻底疏除衰秃老蔓、回缩老蔓、压蔓和竖蔓等方法。

• 疏除。对于生长极度衰秃，无利用价值的老蔓，从地面下彻底疏除，促使重发萌蘖，按照主蔓进行培养，摘心促壮。也留部分作为结果母枝培养，结果后，主蔓培养成了再处理。

• 回缩。对于先端衰弱，后部尚有较好结果母枝的主蔓，应回缩更新，抑前促后，然后利用壮枝放蔓布满架面。

• 压蔓。对于先端尚有好枝，而中后部光秃的老蔓，进行压蔓更新（图 4-12）。压蔓时要掌握“缓入急出”，以便利用母株根系吸收的营养和被压主蔓先端好枝上制造的营养集中于被压部分的“急出”处，促发新根。同时被压蔓后部隐芽往往会发出旺枝。第二年冬剪时，根据实情进行回缩或与母株分离，成为单独的新株。

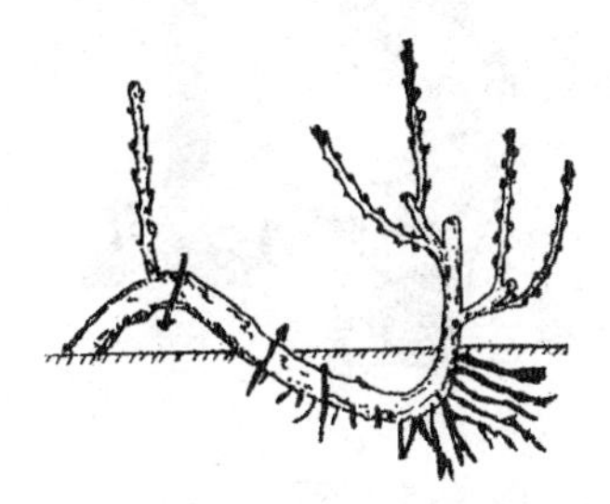

图 4-12　压蔓更新

• 竖蔓。对于结果部位分布均匀，但长势较弱，又处于架面下部的蔓，植株基部又没有萌蘖可利用时，可配合母枝短梢修剪，采用竖蔓复壮，与强蔓交换位置，使弱转强，平衡树势。

5. 葡萄生长季修剪的关键技术有哪些?

葡萄生长季修剪的关键技术包括：抹芽、疏梢、定梢、新梢摘心、副梢处理、去卷须、绑蔓等，其中新梢摘心、副梢处理是开花前与花序处理同时进行的促进坐果的最关键技术。

葡萄新梢在一年中生长期长，生长量大，能发生多次副梢，容易造成架面郁闭，通风透光不良，影响果品产量和品质，必须合理地进行夏季修剪。

(1) 抹芽

将葡萄萌芽后长出的的嫩梢去掉，叫抹芽。抹芽去掉了部分嫩梢，能够节省树体养分，可以使保留的芽长得更好。葡萄春天萌芽的是冬芽（图 4-13），冬芽内一般有多个芽，所以冬芽是几个芽的复合体，又称为芽眼。冬芽内的几个芽，多能分化花芽，所以冬芽一般是花芽，萌芽后带花序。

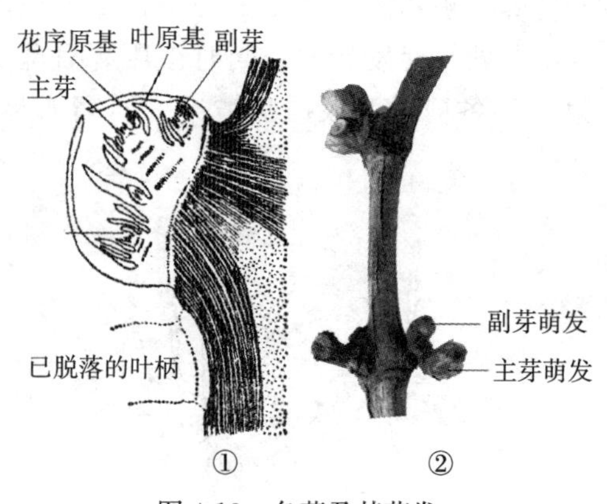

图 4-13　冬芽及其萌发
1. 冬芽示意图　2. 冬芽萌发

抹芽在春天萌芽后进行，一年一般进行 1 次。在保证留足芽的情况下，抹去弱芽、过密芽、无用的萌蘖、副芽、畸形芽等。注意在更新部位留足预备枝的芽。

(2) 疏梢定梢

当年形成的带有叶片的枝蔓叫新梢，带花序的新梢叫结果枝（图 4-14），无花序的新梢叫营养枝。疏梢是去掉新梢，定梢是确定留用的新梢及数量，两者同时进行，定梢后把多余的新梢疏除。疏梢定梢可以使植株合理负担，节省养分，使架面通

风透光良好。

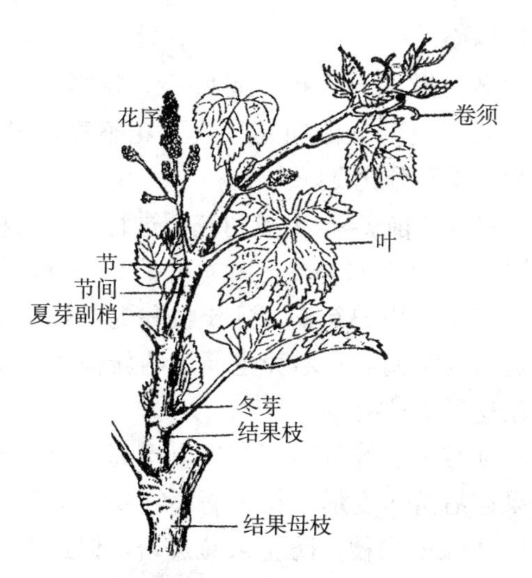

图 4-14　葡萄的新梢（结果枝）

疏梢定梢在能够辨认新梢有无花序及花序质量时进行，一年进行 1～2 次。第一次在新梢 10 厘米左右时进行，第二次在新梢 20 厘米左右时进行。

定梢标准，也就是留新梢的数量，单篱架 10 厘米左右留 1 个新梢，双篱架 15 厘米左右留 1 个新梢，棚架每平方米留 15～20 个新梢，多余的新梢疏除。在留梢数量上要掌握“四少、四多、四注意”，即土壤瘠薄、肥水条件差、树势弱、架面小时，应少留；反之，则多留；一要注意新梢分布均匀；二要注意各部分长势平衡；三要注意主蔓光秃处利用潜伏芽发出的枝填空补缺；四要注意成年树选留萌蘖培养新蔓。新梢的去留要掌握“四留四去”的原则：留结果枝，去发育枝；留壮枝，去弱枝；留下位枝，去上位枝；留主芽新梢，去副芽新梢。当负载量不足时，可留副芽新梢，这样一节上留两个新梢；当结果枝不足时，可以留发育枝，填补空间，增加光合面积，也为来年留枝做准备。还要注意要留足更新枝，以便来年更新。

(3) 新梢摘心

把新梢顶端幼嫩部分去掉，叫摘心。新梢生长前期摘心，能抑制延长生长，使养分流向花序，开花整齐，提高坐果率，叶片和芽肥大，花芽分化良好。

新梢摘心在开花前3～5天或初花期进行。结果枝在花序以上留5～7叶摘心，预备枝留8～10片叶摘心，所谓预备枝就是今年培养准备明年利用的新梢。延长枝和更新枝可根据树形要求生长到一定高度时摘心。培养主蔓用的新梢可在生长达1米左右时，根据树形要求摘心。

有些品种如佳酿、晚红蜜等，坐果率高，坐果多，使果穗紧密，后期果粒易挤压变形，新梢摘心需要在花后或大量落花过后进行，以便疏松果穗，防止果粒过密，促进增大果粒，提高果实品质。

(4) 副梢处理

葡萄新梢叶腋间有两种芽，冬芽和夏芽。冬芽一般越冬后第二年春天萌发，所以称为冬芽；夏芽无鳞片，为裸芽，夏芽形成后随即萌发为副梢（图4-14），夏芽副梢叶腋间同时又形成当年不萌发的冬芽和当年萌发的副芽。为了防止架面郁闭，节省养分，对副梢必须加以控制，这项技术叫副梢处理。

副梢处理在开花前开始，副梢处理后还可再发二次副梢，所以副梢处理一年进行3～5次，第一次与新梢摘心同时进行，以后结合其他作业进行。副梢处理各地做法不一样，但不管采用哪种方法，都应以保证结果枝有足够的叶面积为原则，每个结果枝一般需要有14～20个正常大小的叶片，制造充足的营养供应果穗。

• 副梢处理方法1：结果枝花序以下、发育枝5节以下各节的副梢全部抹去，以上各节的副梢留1片叶摘心。副梢上再发生副梢，仍留1片叶摘心，反复进行。当叶片过多时，剪回

到第一次摘心的部位。

• 副梢处理方法 2：主梢摘心后，顶端只保留 2 个副梢，其余各节的副梢全部去掉，保留的 2 个副梢留 2～4 叶摘心，副梢上再长出二次副梢，仍留 2～4 叶摘心。

(5) 去卷须

去卷须就是把卷须摘除。新梢上生长着卷须，它着生在叶片对面（图 4-14），卷须若不加以处理，将在架面上缠绕，影响新梢、果穗生长，给绑蔓、采收、冬剪和下架等操作带来不便，而且，卷须还消耗养分，所以应该结合葡萄植株管理的其他工作，随时将卷须用手摘除或剪掉。

(6) 绑蔓

绑蔓也叫新梢引缚，就是把新梢固定在架面上。绑蔓能使新梢在架面上均匀合理分布，改善通风透光条件，防止新梢被风吹断，利于花芽分化和果实质量提高。

绑新梢在新梢长到 40 厘米左右时进行，生长期进行 2～3 次。

在篱架上，新梢全绑，按照要求的距离固定，均匀分布，绑蔓时新梢可以直立，也可以保持一定的倾斜度，以调节新梢长势；棚架绑 30％的新梢，其余的自然直立生长，风大的地区可以多绑些。绑蔓时结扣要既死又活，群众称为“猪蹄扣”，使绑扎物一端紧扣铁丝不松动，另一端在新梢上较松，这样既固定了新梢，又不影响新梢生长。有些结果枝较短，不能绑在铁丝上，可以进行吊绑。绑蔓材料有细绳、塑料袋、玉米皮、包装绳、布条等。

6. 葡萄花序处理的关键技术有哪些？

葡萄花序处理的关键技术包括：疏花序、掐序尖、去副穗，花序处理是开花前与新梢摘心、副梢处理同时进行的促进坐果的最关键技术。

葡萄的花序为复总状花序或圆锥花序，有3～5个分枝，基部分枝较多，故花序多呈圆锥形。有的有歧肩和副穗。花序有花序梗、花序轴、各级分支（有的称为小穗）和花组成（图4-15）。花序上花的数量，因品种而异，一般有200～1500个花蕾。花序的花序梗将来发育成穗梗，花序轴发育成穗轴，花发育成果实。花序一般着生在结果枝的第3～8节上。欧亚种品种自第3～5节着生花序，每果枝有花序1～2个；美洲种品种自第4～6节开始连续着生花序，一般3～4个，多者6～7个，花序较小；欧美杂交种一般有2～3个。在一个花序上，一般穗尖的花蕾发育较差，坐果率较低。

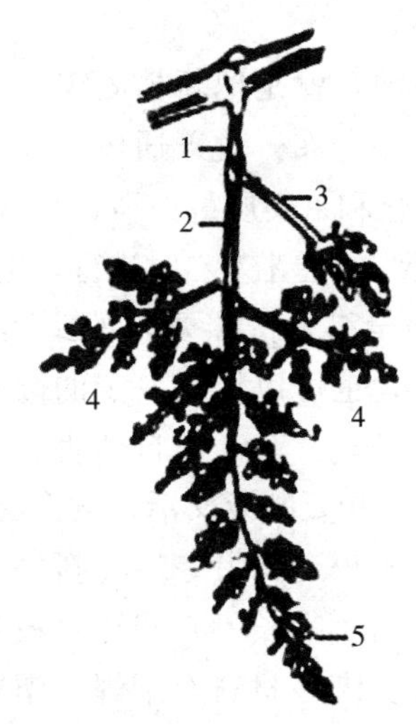

图4-15 花 序

1. 花序梗 2. 花序轴 3. 副穗 4. 各级分支 5序尖

(1) 疏花序

将多余的花序去掉称为疏花序。植株负载量过大时疏去过密、过多及细弱果枝上的花序，可以调整负载量，减少养分消耗，提高一些品种的坐果率和品质，如巨峰等品种。

疏花序在结果枝长到 20 厘米至开花前进行。疏花序的方法，一般情况下，生食品种采用“壮二中一弱不留”，即强壮的果枝留 2 穗，中庸果枝留 1 穗，弱果枝不留果穗。也有的用“3、6、9”疏花序法，即花期结果枝长 30 厘米以下的不留花序，长 60 厘米左右的留 1 个花序，长 90 厘米以上的留 2 个花序。

留花序的多少，总的原则是应当满足该品种果实达到正常质量所要求的叶片数。

(2) 掐序尖

去掉花序先端的一部分叫掐序尖。葡萄一个花序中约有 200～1500 个花朵，大部分在坐果期脱落。掐序尖可以使养分供应集中，减少花朵脱落，提高坐果率，并且使果穗紧凑，果粒大小整齐，提高果实品质。

掐序尖时间在开花前 1 周左右，用手将花序先端掐去全长的 1/5～1/4（图 4-16）。掐序尖适于穗轴较长、易落花落果的品种，如巨峰、玫瑰香等品种，对瘠薄沙地上栽培的玫瑰香葡萄，于花期掐去 1/3～1/4 花序尖，可提高穗重，增产 3%～9%。穗轴短，而果粒排列紧密的品种不宜进行。

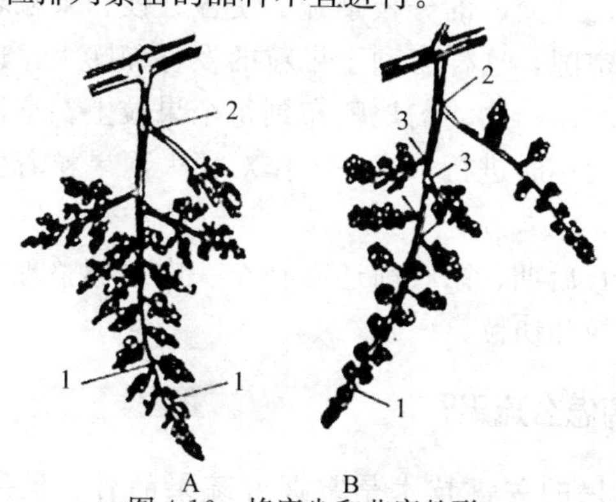

图 4-16　掐序尖和花序整形

A. 玫瑰香葡萄　B. 巨峰葡萄（日本做法）

1. 掐序尖　2. 去副穗　3. 疏小穗（分支）

(3) 去副穗

在花序基部有一个明显的小分枝，为副穗，去副穗就是将花序的副穗掐去。作用和掐序尖一样。

7. 葡萄果穗整理的关键技术有哪些?

葡萄果穗整理的关键技术包括：顺穗、摇穗、拿穗。

(1) 顺穗

顺穗是把搁置在铁丝上或枝叶上的果穗理顺在架下或架面上。结合新梢管理，把生长受到阻碍的果穗，如被卷须缠绕或卡在铁丝上的果穗，轻轻托起，进行理顺，使其正常生长或移至叶片下，以防止日灼。顺穗一般在 6 月中下旬进行。一天中以下午进行为宜，因这时穗梗柔软，不易折断。

(2) 摇穗

摇穗是将果穗轻轻摇晃几下，摇落干枯和受精不良的小粒。在顺穗的同时，进行摇穗。

(3) 拿穗

把果穗已经交叉的分枝拿开，使各分枝和果粒之间都有一定的顺序和空隙，这样有利于果粒的发育和膨大，也便于剪除病粒，喷药时使药物均匀地喷布到每个果粒上。拿穗在果粒发育到黄豆粒大小时进行，这一工作对穗大而果粒着生紧密的品种尤为重要。

果实生长后期、采收前还需补充一次果穗整理，主要是除去病粒、裂粒和伤粒。

8. 葡萄怎么疏果?

葡萄疏果的关键技术是掌握好疏果品种、疏果时间和留果量。

疏花疏果是果实管理的一项重要内容。葡萄开花较多，大

部分自然脱离，不进行疏花，有些品种要进行疏果，疏果就是去掉果穗上过多的果粒，促使剩余的果粒肥大，防止果粒过于紧密，这一措施主要在生食品种上运用，以提高品质和美化外观。

疏果时间在花后15～20天，落花落果后，果粒如黄豆大小时，结合果穗整理同时进行。

用疏果剪或镊子疏粒。主要疏除果穗中的小粒果、畸形果及过密的果。根据商品果的要求，确定每穗的留粒数和距离。巨峰群品种一般每穗留12～16个分支，前半部分每一分枝留2～3粒，后半部分每一分枝留4～5粒，每穗保留40～45个果粒，每穗重量控制在0.5千克左右。牛奶葡萄在花序整形的基础上通过花后疏果，疏去1/4～1/2果量，使每穗果粒保持在80～100粒，能显著地改进果穗与果粒的外观与质量。日本对巨峰葡萄的标准是经过疏果，每穗仅保留30～35果粒，单粒重保持10～12克。

9. 葡萄套袋的关键技术有哪些？

葡萄套袋的关键技术包括：选择纸袋、确定套袋时间、掌握套袋方法、掌握摘袋方法等。

（1）纸袋的选择

葡萄套袋采用专用纸袋，专用纸袋的纸张应具有较强的强度，耐风吹雨淋，不易破碎，有较好的透气性、透光性，纸袋最好有一定的杀菌作用。

果袋的选择还要根据不同地区日照强度及品种的果实颜色进行，红色、紫黑色品种宜选用黄褐色或灰白色的羊皮纸袋；而无色品种对于纸袋的颜色无特殊要求。巨峰、藤稔等靠散射光着色品种宜用纯白色聚乙烯纸袋。红瑞宝等靠直射光着色品种宜用上部带孔的玻璃纸袋。若对散射光着色品种用深色袋，直射光着色品种用白色袋或深色袋时，需在采收前1～2周除袋，以促进着色。

(2) 套袋的时间

套袋在果穗整理后坐果稳定，幼果黄豆粒大小时进行。

(3) 套袋的方法

套袋前首先根据品种特性进行疏果定果，严格把握每穗的粒数，并细致喷施一次杀菌剂，待药液干后开始套袋。

套袋时先把袋鼓起，小心将果穗套进，扎紧袋口绑在着生果穗的果枝上。多雨地区可在纸袋下部剪留两个透气放水小孔。日灼严重地区果袋上应打1～2个小的通气孔。

(4) 摘袋的方法

摘袋时间应根据品种及地区确定。不需着色或袋内即着色品种不用摘袋，可带袋采收；有色品种宜在采前15天左右逐渐撕袋以利充分着色。果实着色至成熟期昼夜温差大的地区，可适当延迟摘袋时间，防止果实着色过度；在昼夜温差较小的地区，应适当提前摘袋。摘袋时首先将袋底打开，经过5天左右的锻炼，再将袋全部摘除。

10. 葡萄环剥的关键技术有哪些？

葡萄环剥袋的关键技术主要是：明确环剥的目的以确定环剥的时间，选择环剥部位，采用适宜的方法，以及环剥后管理。

(1) 环剥目的和时期

为了促进坐果，要在葡萄初花期进行环剥；为了增大葡萄果粒，要在自然落果后进行环剥，促使果粒细胞迅速分裂，在这一点上，无核葡萄品种要比有核葡萄品种效果明显；为了使果实提高糖分和提早成熟，以在果实着色初期进行环剥为宜。环剥技术不能连年应用，对旺树也要隔年进行。

(2) 环剥部位和品种

葡萄环剥在主干、主蔓和结果母枝上进行均可。在主干、

主蔓上环剥，以5～8年生、长势过旺的不易坐果的品种为好，特别是无核白鸡心、克瑞森无核和黑奇无核等品种，效果较好。对长势旺的红地球、美人指和香红等品种，环剥效果也很好。

(3) 环剥方法

环剥刀要求有双刃，锋利，环剥速度要快。要选择长势强的葡萄植株或枝进行环剥，弱树、弱枝不宜环剥。在葡萄主干、主蔓上环剥的刀口宽度以3～4毫米为宜，在结果母枝上以2～3毫米较好，并且要求刀口垂直，光滑。环剥刀口深度要达木质部，但又不要伤害木质部，以免影响外层木质部的营养、水分的输导作用。剥后将皮拿掉，立刻用新鲜有弹性的白色塑料薄膜（地膜）将剥口包严扎紧，防止蚂蚁、粉蚧等害虫和病菌侵入。

(4) 环剥后管理

环剥植株坐果后，要适当增加肥水，适量进行疏果，以防止树势减弱。

11. 葡萄一年多次结果的关键技术有哪些?

葡萄能够一年多次结果的品种，经常会开二次花、三次花，结二次果、三次果。在生产中要结二次果、三次果，并获得一定产量，品质又好，就要有意识地实施一定的管理措施。葡萄一年多次结果有两种情况，具体操作分述如下：

(1) 利用冬芽结二次果

开花前3～5天，结合结果枝摘心，在主梢花序以上留4～6片叶摘心，发育枝可留8～12片叶摘心，并抹去主梢上所有夏芽副梢，大约经过7～10天，主梢最顶端的冬芽被迫萌发二次枝，有可能带有花序，待冬芽二次枝露出花序后，在其花序以上留2片叶摘心。

为提高冬芽二次枝的结果能力，在主梢摘心时，可暂时保留最顶端的一个夏芽副梢，其余副梢全抹去，以延缓主梢顶端冬芽的萌发，使冬芽有较充足的时间进行花芽分化。在落花后1～2周内剪去主梢顶端暂留的夏芽副梢，再经7～10天后，顶端冬芽一般萌发有较高花序质量的二次枝。巨峰、藤捻、玫瑰香、莎巴珍珠、黑汉等品种均可用此法一年多次结果。

(2) 利用夏芽结二次果

主梢开花前15～20天，在主梢花序以上，夏芽尚未萌发的节上，对主梢进行摘心，同时将下部已萌发的夏芽副梢全部抹去，使营养集中于顶部尚未萌发的夏芽中，促使芽内分化较好的花序。如果夏芽副梢上没有花序，待其展叶4～5片时，再留2～3片叶摘心，利用二次副梢结果。巨峰、葡萄园皇后、佳利酿、白香蕉等品种用此法一年多次结果较好。

采用二次、多次结果技术虽然可提高产量，延长葡萄供应期，但使树体大量的养分用于当年结果，大大减少了养分积累贮备，从而，影响翌年的花芽分化、新梢生长，并使树体衰弱，采用时需谨慎。为使此项技术成功使用，必须加强肥水管理等技术保证，并根据本地自然条件选择适宜品种，以达到连年丰产。

12. 葡萄需要摘叶吗?

葡萄摘叶是摘除植株基部老叶及对果穗遮光的叶片，一般在果实着色之前进行。摘叶可以增加果穗的光照，促进果实着色，提高果实品质。

需要直射光才能着色良好的品种，如黑罕、玫瑰香、乍娜等，应多摘一些老叶，以使架面透光率达到40%～50%；散射光也能着色的品种，如巨峰、玫瑰露、康拜尔、蓓蕾玫瑰等，可适当少摘老叶，透光率30%即可；黑色品种甚至可不摘老叶，透光率10%以上即可满足要求。

13. 葡萄怎么应用植物生长调节剂？

葡萄在生长发育过程中，会产生生长素、赤霉素、细胞分裂素、脱落酸、乙烯等激素，调节其生长发育。根据各种激素的成分结构，由人工合成的与植物体内激素相类似而起相应作用的物质，称为植物生长调节剂。

在加强综合管理的基础上，正确地使用植物生长调节剂，可以调节葡萄的生长发育，提高产量和品质。因各地产品的有效成分含量不一样，使用的对象、时期、浓度、用量也就不一样。植物生长调节剂使用量少，作用大，使用效果受多种因素的影响，因此，使用时应特别慎重，先做小型试验，证明有效无药害后才能用于生产。植物生长调节剂在葡萄上主要应用于以下几个方面：

(1) 提高坐果率

葡萄花前喷 B_9、矮壮素等生长抑制剂和硼等营养元素可显著提高坐果率。用 B_9 3000 毫克/升，于新梢展开 6～7 片叶时喷布，对结果少、树势过旺的树，在 7 月份再喷 1 次，能稳定地提高坐果率。用矮壮素 500～1000 毫克/升、乙烯利 15～20 毫克/升，于花前 1 周左右喷布也有提高坐果率的效果。B_9、矮壮素等主要是抑制新梢生长，减少营养消耗，使花果相对获得较多的营养。

(2) 生产无核果实

对有核品种，于盛花前 2～3 天和盛花后 11～14 天，2 次用 25 毫克/升的赤霉素处理，浸蘸花序和果穗，无核率达 90%以上。用其他调节剂如消籽灵、PCPA 等处理有核品种也有较好效果。

研究表明，使用药剂进行无核化处理时，第一次处理时间对无核率有较大影响，赤霉素易引起花序轴硬化等副作用，因此，在保证无核率在90%的前提下，晚些处理，花序轴硬化的副作用越小。日本推荐使用时间，巨峰为始花期，先锋为盛花到终花期。新疆马奶葡萄在花前7～10天，玫瑰香在谢花后以赤霉素50毫克/千克喷施第一次，隔14天再喷一次，无核率达98.17%。

(3) 增大果粒

对有核果于花后15～20天，无核果于花后5天和20天，各用10毫克/升的膨大剂（0.1%吡效隆）溶液浸蘸果穗，可使果粒增大30%～100%。无核果于花后11～14天用50～100毫克/升赤霉素溶液浸蘸果穗，果实可增大50%以上。新疆地区于花后10天喷100～200毫克/千克赤霉素，使无核白葡萄增重60%～90%。另外，日本产大果灵或增大灵、细胞分裂素于花后10～12天处理果穗，也有增大果实的作用。沈阳农业大学试验，巨峰盛花前10～12天，喷3000毫克/千克B_9提高坐果率47%～97%，如在B_9中加入1～2毫克/千克赤霉素，或坐果15天再用200毫克/千克赤霉素浸穗，还可增大果粒。

无核化是葡萄发展的趋势。目前，多数优良的无核品种都需要植物生长调节剂以获得大粒、无核优质果品，适宜的调节剂也较多，可以根据产品介绍选用。

(4) 促进浆果着色和成熟

鲜食葡萄开始成熟（5%的果粒开始变软着色）时，用100～200毫克/千克的乙烯利喷或浸果穗，可提前成熟。酿酒葡萄着色时，用300～500毫克/千克乙烯利喷果穗，可促进果皮内色素加速形成，提高酿酒质量。但对弱树及易落粒的品种最好不用。

(5) 疏松果穗

对紧穗品种花前3周喷1～10毫克/千克赤霉素或坐果后以5毫克/千克萘乙酸浸穗，可使花序、果穗伸长，起到稀疏果粒的作用。

14. 葡萄采收的关键技术有哪些?

葡萄采收是果园一年管理周期的最后一个环节，采收质量的好坏不仅影响果实的质量，也影响下年的产量。葡萄采收的关键技术，首先是适时采收，再者是正确采收。

(1) 确定采收时间

葡萄的采收时间依品种成熟期、浆果的用途等而定。

• 鲜食品种。鲜食品种接近或达到果实生理成熟时及时采收。生理成熟的标志是，有色品种充分表现该品种固有的色泽；无色品种则呈黄色或白绿色，果粒呈透明状；果粒变软而有弹性，达到该品种固有的含糖量和风味。在成熟期间，每隔3～5天测糖1次，当糖度停止增加时，就是该品种的生理成熟期。同时，要看市场需求情况。贮藏用的鲜食品种，应在浆果充分成熟后采收，成熟度不够的浆果不耐贮藏。鲜食品种和酿造高级葡萄酒的葡萄要根据成熟度分批采收，以保证果品质量。

• 酿酒品种。酿酒品种的采收期与用途有密切关系，一般根据不同酒类所要求的含糖量进行采收。如酿造红、白葡萄酒（干酒或佐餐用酒）用的浆果含糖量要达到17%～22%以上；酿造甜葡萄酒（餐后用酒）用的含糖量应在23%以上。

• 制汁、制干品种。制汁、制干品种需在充分成熟时采收，因这时浆果含糖量最高，产品生产率也最高。制果汁用葡萄要求含糖量为17%～20%，含酸量为0.5%～0.7%。制干用品种要求含糖量达到23%或更高。

鲜食葡萄采收前10～15天停止灌水，在容易受旱的砾质戈壁上，停水时间也不应少于5～7天。若遇到下雨天，要等叶面和果穗中的积水干燥后再进行采收，以减少果穗腐烂。一天中，采收时间最好在晴朗的上午或傍晚，避开中午高温，以便降低葡萄体温，减弱呼吸作用。在露水未干的清晨、雾天、雨后、烈日曝晒下均不宜进行采收，以免降低浆果的贮运性。

（2）正确方法采收

采前做好采收计划，安排熟练的采收工，备齐剪、箱、篮等采收工具及物资。

采收时，果梗一般留3～4厘米，以便于提放，过长易刺伤其他果穗。采收时，用手捏住穗梗，用剪枝剪紧靠枝条剪断。除穗梗极短的品种外，一般不要以手直接托住果穗，以免指甲划破果粒和擦拭去果粉而影响外观。采收鲜食品种要轻拿轻放，尽量不擦掉果粉，随时对果穗进行检修，在架上或剪下后随时剪去病穗、病粒、破残粒和小绿粒，以减少对葡萄的多次拿放而造成人为的损伤。采后随即装入果筐，送到包装场进行分级包装，对病穗、烂穗应单独存放。酿酒品种采收后可直接就地装筐或装箱，尽快运到酒厂进行加工。

对采下的葡萄要放在通风、阴凉的简易遮荫棚下预冷散热，切忌在阳光下曝晒，以免引起葡萄变质。

15. 葡萄采后处理的关键技术有哪些？

葡萄采后处理主要有分级、包装、贮藏等技术。

（1）分级

葡萄采收后要进行分级。鲜食葡萄的分级标准因品种、地区和销路而不同，一般先将果穗中病粒、烂粒、小绿粒疏除，再根据果品收购方所规定的等级标准进行分级，或根据客户的要求分级或不分级。

酿酒葡萄，只要成熟度合适，含糖量合乎酿酒标准，不必进行分级就可装箱外运。但注意不要混入病穗和腐烂变质的果穗、果粒，以免影响酒质和因抽样检测而影响价格。

（2）包装

葡萄浆果汁多，皮薄，不耐挤压，包装要仔细。

用于贮藏或长途运输的葡萄，包装要求十分严格，包装容器不能过深过大。用于酿酒的葡萄最好用塑料箱，每箱葡萄不超过 30 千克；用于鲜食的葡萄可用小型木箱、纸箱和筐篓包装。内销多用筐篓包装，条筐高约 30～40 厘米，方形，内铺包装纸，底部垫上纸条、纸屑等。装筐要使果穗紧密排列填满空隙，不使果穗间松动，以免在运输途中因颠簸、摇晃使果穗互相摩擦而脱粒、破裂、流水，造成损失。装筐后上覆细草或纸条屑等较软的覆盖物，覆盖物要稍高于筐口，这样加盖后箱内比较紧实。有的地方习惯使用果篓，也很方便，每篓净重 20 千克左右。外销主要采用小型纸箱或木箱，净重 5～10 千克左右。近年外贸采用一种净重 4.5 千克的小木箱，箱内上下和四壁均衬有瓦楞纸板，纸板上面有通气孔，每穗葡萄都用蜡纸或白纸包紧，紧密排列于箱内，填满衬垫物加盖封牢。

（3）贮藏

葡萄贮藏适宜温度是 0～－1℃，相对湿度 85％～90％。贮藏过程中注意杀菌保护。

16. 葡萄植株防寒的关键技术有哪些?

葡萄植株防寒的关键技术主要是适时埋土、选择适宜方法按要求埋土。

（1）确定埋土时间

葡萄大多数栽培品种抗寒力不强，我国北方大部分地区葡萄越冬时枝蔓需埋土防寒，以免受冻和保持植株水分，有利于来年生长。一般认为，年绝对最低温度在－15℃以下的地区都需采取防寒措施。但对有些冬春干旱、低温、寒风冷凛的地区，虽不到－15℃，也以采取防寒措施为好。

埋土时间要根据各地气候条件而定，一般在冬季修剪后至土壤结冻之前，时间为 11 月中下旬。日平均气温降到 0℃以下，清晨土表可见薄薄的冻渣，日间即可融化，这是埋土防寒的适宜时期。

(2) 选择埋土方法

• 地上理土防寒。冬剪以后，将枝蔓下架，并压倒绑好成束，顺着行向平放在地面上，然后覆土。埋土时，在离葡萄定植行1米以外的地方取土，将土拍细，不带坷垃。防寒土堆宽1米左右，厚15～20厘米。当地冬季冻土中－4℃位置距地表间的厚度，即为埋土防寒覆土厚度。地表下－4℃距地表越厚，葡萄冬季防寒埋土就越厚。这种防寒方法安全可靠，是广泛应用的一种方法，适于冬季不太寒冷的地区。

• 地下理土防寒。在葡萄株间或行间距葡萄根部1米左右处挖沟，沟的大小以放入枝蔓为度，将葡萄下架捆好枝蔓放入沟内，蔓上覆盖10厘米左右厚的秸秆或树叶，草上再盖土，土厚20厘米左右。植株基部不能放在沟内的部分，也须盖土埋土，厚度20厘米。主要应用于棚架树龄较大的葡萄和冬季寒冷的地区。

不论哪种方法埋土，都要把土块打碎封严，防止留有缝隙而透风冻坏枝蔓。地面取土要均匀，防止伤根露根。埋土必须全埋、埋严、不留空隙。在埋土过程中，要经常检查，一有露风，立即补埋、埋严。

17. 葡萄植株出土的关键技术有哪些?

葡萄植株出土的关键技术主要是适时出土、合理复剪、及时上架。

(1) 确定出土时间

越冬进行埋土防寒的葡萄，第二年要出土上架。出土，即将葡萄枝蔓从土堆中扒出。第二年春天，天气转暖，大地解冻，葡萄应适时撤除防寒土。出土过早，枝芽易抽干；过晚则芽萌

发，出土上架时很容易被碰掉。出土时期在树液开始流动后至芽膨大前，大致在3月上中旬，这时山桃在初花期。

（2）撤土

撤土可以一次完成，也可分两次进行，每次各一半。出土时，地上埋土防寒的植株，先自两侧减薄覆土，最后拉出枝蔓。地下埋土防寒的植株，先减薄防寒沟上的覆土，然后双手握住葡萄捆基部自沟中慢慢拉出，不可用锨撅挖掘。出土要仔细小心，不要伤折枝蔓和碰坏芽眼。

（3）修剪

葡萄出土后修剪为冬季修剪后的复剪。一般情况下，葡萄不需要复剪，需要复剪的有两种情况：一是冬季修剪时由于技术、劳力或其他原因，修剪未完全按要求进行，修剪的质量尚存在问题。出现这种情况，在春季出土后需进行复剪。二是在冬季易发生冻害的地区，秋后修剪葡萄时只进行不同程度的预剪，留下较多的枝蔓防寒过冬，第二年出土后根据枝芽越冬后的存活状况，再对植株进行最后剪定。

复剪之前需要检查葡萄芽眼越冬情况，根据芽眼存活的百分率，来判断植株埋土过冬状况，并据此确定应保留的芽眼负载量。欧洲葡萄的许多品种，越冬后的死芽率常可达20%～50%，根据当年越冬后植株的具体情况来进行复剪，可以更好的保证产量。

复剪时除按冬季修剪要求外，还要注意剪除出土碰伤的枝蔓，去掉干枝，清除架上的残枝卷须等。

（4）上架

葡萄上架就是把枝蔓重新绑在架面上。葡萄出土或完成复剪后，整平地面，枝蔓凉晒2～3天后，就可上架。上架前先整好架面。

上架时，按架式和整形的要求进行。首先，要注意使枝蔓在架面上分布均匀，将各主蔓尽量按原来的生长方向绑缚在架上，保持各枝蔓间距离大致相等。如棚架上各龙干间距保持50～60厘米，尽量使其平行向前延伸。结果母枝的绑缚要特别注意，除了分布要均匀外，还应避免垂直引缚，以缓和枝条生长的极性，一般可呈45°角引缚，长而强壮的结果母枝可偏向水平或呈弧形，以促进下部芽眼萌发和保持各新梢生长的均衡。葡萄枝蔓绑缚可用塑料绳、马蔺、稻草、柳条等多种材料，绑缚时既要注意给枝条加粗生长留有余地，又要使枝蔓在架上牢固附着。通常采用8字形引缚，使枝条不直接紧靠铅丝，留有增粗的余地。

棚架的龙干可以吊绑在棚架铅丝之下，结果母枝则分布在棚架铅丝之上，这样做是为了便于下架防寒。对多年生枝蔓，有时可以用铁钩挂在架面上。利用废铁丝做成大小不同的双钩，一头挂在架面铅丝上，一头钩住枝蔓。棚架、篱架皆可应用，对庭院葡萄更是适合，铁钩用后可以收藏起来多次使用。

人们常说“三分剪家，七分绑家”，表明发芽前绑蔓的工作十分重要。最好是由冬剪的人完成。但在大面积生产时，常做不到此点。为此，事先要对参加绑蔓的人员进行训练，要求充分领会冬季修剪的意图。

上架后，施肥，浇水，打药，开始新一轮的管理。

(二) 葡萄地上部管理疑难问题详解

1. 葡萄为什么要建架?

葡萄设立支架的建架过程叫建架。葡萄是蔓性果树，枝蔓细长又柔软，除少数品种枝条直立性较强，在不需埋土防寒地区可无架直立栽培外，一般需要设立支架，才能使枝蔓均匀分布，有效地利用空间、光照，通风条件，便于管理。

葡萄的架式、整形和修剪三者之间密切相关，一定的架式

要求一定的树形，而一定的树形又要求一定的修剪方式，三者协调才能取得良好的效果。所以，在葡萄园规划设计时，就应确定好架式、树形和修剪方式。

2. 什么是架式？葡萄有哪些架式？

搭架或支架的形式叫架式。葡萄架式很多，大体可归纳为篱架、棚架、棚篱架、柱式架，还有些中间类型和过渡类型（图 4-17）。选择架式主要依据品种生长习性和当地气候条件。葡萄栽培中，栽植方式、架式、树形和修剪方式要配套，形成一定组合。

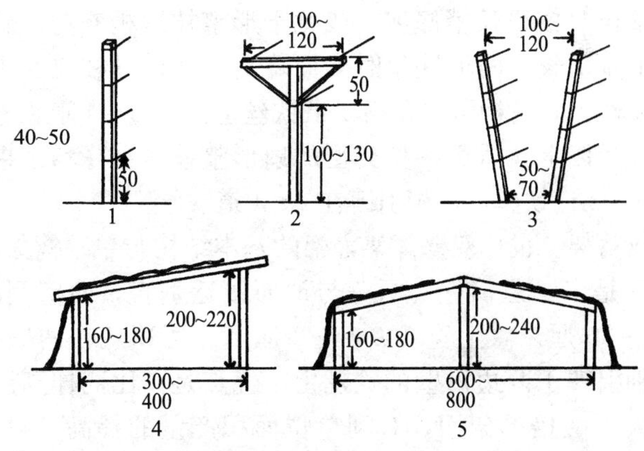

图 4-17　葡萄的常见架式（单位：厘米）

1. 单篱架　2. 宽顶篱架或 T 型架　3．双篱架　4. 倾斜式小棚架　5. 屋脊式小棚架

(1) 篱架

篱架是国内外大面积栽培中应用最广的架式。架面与地面垂直或接近垂直，沿行向每隔一定距离设立柱，立柱上拉铁丝，形似篱笆，故称篱架，又与地面垂直或接近垂直，也称立架。架高 1.5～2.2 米，超过 1.8 米的叫高篱架。沿着栽植行向（多为南北向），每隔 6～8 米设一立柱，立柱上每隔 50 厘米拉一道

铁丝。优点是：适于密植，整形速度快，通风透光好，有利果实着色和增进品质，便于机械管理。缺点是：不适于生长过旺、结果部位上移快和对修剪等管理要求严格的品种。篱架的行距，鲜食品种一般为 2.5～3.5 米；酿酒品种为 2～2.5 米。篱架又分为单篱架、双篱架和宽顶篱架等。

①单篱架。也称单壁篱架，只有一个垂直地面的架面。架高 1.5～2.2 米。立柱上每隔 40～60 厘米拉一道铁丝。这种架式节省架材，适用于酿酒品种，也用于生长势不很旺的鲜食品种。

最简单的单篱架架高 1.0～1.2 米，立柱上拉一道铁丝。适于头状整枝双枝组长梢修剪，或龙干形整枝短梢修剪，新梢任其自然下垂生长。两道铁丝时架面略高，结果母枝或龙干绑在第一道铁丝上，新梢引缚在第二道铁丝上。拉 3～4 道铁丝，架面高 1.5 米以上，适于各种类型的扇形整枝，主蔓和结果母枝引缚在 1～3 道铁丝，新梢引缚在 2～4 道铁丝。

②双篱架。也称双壁篱架，架的基本结构与单壁篱架相似，不同的只是多一道篱壁。两壁与地面接近垂直，两壁间距离，下宽 50～60 厘米，上宽 100～120 厘米。葡萄栽在两壁中间，枝蔓分别引缚于两边篱壁的铁丝上。优点是：比同样高度的单篱架增大了一倍的架面，有利单位面积产量的提高。缺点是：通风透光条件变差，两壁间不便于管理。

③宽顶篱架。在单篱架立柱顶部设一根长 70～100 厘米的横梁，呈 T 型架，横梁两端各拉一道铁丝，距离横梁下方 30～40 厘米处再拉一道铁丝。这种架式扩大了架面，产量增加。适用于生长势较旺的品种，也可用于对高单篱架的改良。龙干形短梢修剪时，龙干在第一道铁丝上，新梢绑在上面两道铁丝上。

(2) 棚架

在垂直地面的立柱上设横梁，在横梁上拉铁丝，形成一个水平的或倾斜的棚面，葡萄枝蔓分布在棚面上，故名棚架。棚

架按照结构与大小分为小棚架和大棚架，按照棚面情况分为水平棚架和倾斜棚架。

①大棚架。凡是架长或行距大于6米的称为大棚架。架跟（架后部，靠近植株的一段）立柱高1～1.5米，架梢（架前部）立柱高2～2.4米，架长6～15米，最长达20米，架面多为倾斜，一般株距1～2米。适于扇形整枝，长、中、短梢混合修剪，或龙干形整枝短梢修剪。多用于山地、庭院和道路架面。这种架式在复杂条件的山地可充分利用土地，但成形慢，进入丰产期较迟，结果部位容易前移，造成后部空虚，不易控制，下架埋土及出土上架不便，通风透光差。

采用大棚架可以单行栽植和双行栽植，单行栽植的各行架面向同一方向倾斜，双行栽植的分向栽植行的两面倾斜，两个架梢相接呈屋脊状。

②小棚架。架长或行距小于6米为小棚架。如新疆吐鲁番的无核白品种应用的小棚架，一般多采用行距4～6米，后柱高1～1.2米，前柱高1.4～1.8米，架面上拉6～8道铁丝。这种架式较大棚架进入结果期较早，结果部位容易控制，易更新，易下架埋土，通风透光好。

(3) 棚篱架

棚篱架也称棚立架，结构与小棚架基本相同，只是架面的后部提高至1.5米以上，前部高约2～2.2米。这样，一株葡萄兼有篱架和棚架两个架面，故称为棚篱架。棚篱架可以认为是棚架和棚架的组合形式。为适应不同的需要，分为单行式、连叠式、屋脊式等。

棚篱架兼有棚架和篱架的优点，可以充分利用空间，达到立体结果。棚篱架的缺点是由于棚架架面遮盖，往往使篱架架面受光不良，影响果实产量和质量。这种架式的主蔓在篱架架面上直立向上生长，至棚架架面时又骤然转向水平或稍有倾斜，容易加剧主蔓前后生长的不均衡。因此，在主蔓转向棚架架面时，应有一定的倾斜角度，避免“拐死弯”，培养不同的主蔓分别在篱架架面和棚架架面也是个好办法；同时要适当减少棚架架面上的留梢量，使其通风透光，以减轻上述缺点。

(4) 柱式架

柱式架是用一根木柱支持枝蔓，一般采用头状整枝或柱形整枝，结果母枝剪留 2～3 芽，新梢在植株上部向下悬垂。当主干达到足以支撑植株全部重量（需 5～8 年，粗度达 6～8 厘米以上），能直立生长时，去掉木柱，成为无架栽培。柱式架简单，省架材，但通风透光较差。国外不埋土防寒地区采用较多。

3. 葡萄有哪些整枝形式？

葡萄的整枝形式，或称树形极为丰富。有主干的为有主干形，无主干的叫无主干形；根据树体形状可以归纳为扇形整枝、龙干形整枝、头状整枝等。

(1) 扇形整枝

扇形整枝枝蔓平面分布，树形像一个扇面。主蔓数量较多的树形有多主蔓自然扇形、多主蔓规则扇形，在篱架和棚架均可应用；主蔓数量较少的，如中扇形，一般在篱架上应用；最简单的为小扇形，没有主蔓，从地面发出 1～2 个枝培养为结果母枝，垂直或倾斜引缚在篱架的铁丝上，新梢发出后呈扇面绑在铁丝上，冬季修剪作为枝组对待，实行单枝更新或双枝更新，主要在保护地栽培、压条制栽培应用。

(2) 龙干形整枝

龙干形为我国独创的一种整枝方式，其特点是自地面发出一个、两个或多个主蔓，一直伸延到架面顶端（称为龙干），不留侧蔓，主蔓上每隔 20～30 厘米配置一个固定的结果枝组。结果枝组一律采用短梢修剪（俗称龙爪），即除主蔓顶端的延长枝长稍修剪外，结果枝组上的一年生枝过密的疏除，留下的均留

1～2个芽短截。

在棚架上，全株留1个主蔓的称为独龙干，留2个主蔓的称双龙干，留3个以上主蔓者称为多龙干。实践证明，棚架式采用双龙干或三龙干整形较为适宜，因为龙干过多不易保持各龙干间的平衡；过少也不易轮换更新。

在篱架上形成各种水平形整枝，龙干则称为臂，向一个方向延伸的，为单臂；向两个方向延伸的，为双臂。如单臂单层水平形、单臂双层水平形、双臂单层水平形、双臂双层水平形等。

(3) 头状整枝

头状整枝为柱式架的整枝形式，具直立主干，干顶着生结果枝组和结果母枝，新梢自然下垂，呈头状。

(4) 高宽垂整枝

高宽垂是泛指整形时有较高的主干，宽度较大的叶幕和较大的行距，以及新梢自由悬垂生长的树形。是国外盛行的一种整枝方式。它具有新梢、果穗分布均匀，风光条件好，病害轻，着色好，产量高，成本低等优点。

采用高宽垂整枝的树形种类很多。如伞形、单臂水平形、双臂水平形等（图4-18）。

4. 葡萄冬季修剪有哪些方法?

果树修剪方法很多，冬季修剪常用的方法有短截、疏剪、回缩、缓放、拿枝等方法，葡萄冬季修剪方法有短截、疏剪和缩剪。

(1) 短截

剪去一年生枝的一部分叫短截，短截也称截。葡萄的一年生枝多为结果母枝。在葡萄修剪上，根据一年生枝剪留的长度，习惯把一年生枝留1～4个芽短截叫短梢修剪，留5～7个芽短

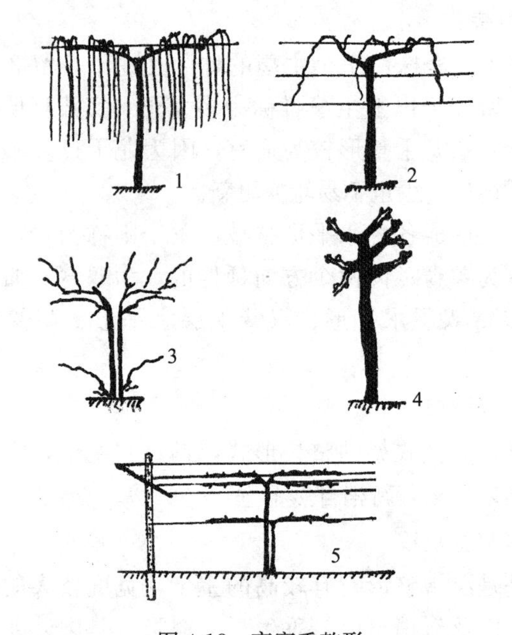

图 4-18　高宽垂整形

1. 伞形（生长季）　2. 长梢修剪的伞形　3. 双干双臂单层形

4. 头状形（冬季短梢修剪）　5. 双干双臂双层形

截叫中梢修剪，留 8～12 个芽短截叫长梢修剪，留 12 个以上芽短截叫极长梢修剪，也有的把留 1～2 个芽短截叫极短梢修剪。长、中、短梢修剪结合进行叫混合修剪。

一般长梢或超长梢修剪适合结果部位较高、生长势旺的东方品种群葡萄，多用于棚架，也用于整形过程中主蔓延长蔓的修剪。它能保留最多的结果部位，形成较高产量，但萌芽和成枝率较低，结果部位外移快。因此，在生产上采用长梢或超长梢修剪时，必需注意配备预备枝。而短梢修剪，萌芽和成枝率极高，枝组形成和结果部位稳定，适于结果部位低的西欧品种群和黑海品种群及篱架栽培。中梢修剪的效果介于两者之间，修剪时多在单枝更新时采用和补充使用。

葡萄短截，剪口芽以上应留 2～3 厘米枝段；冬季干旱和风大地区在剪口芽前一节的横隔膜处短截，以保护剪口芽。另外，剪口芽的位置要适宜，应是其所发新梢能直立生长或斜上生长；大小粒严重的果园，剪后立即用 10～12 倍的硫酸锌溶液涂抹剪口，可有效缓解第二年的大小粒现象。

(2) 疏剪

把整个枝蔓从基部剪除称为疏剪，也叫疏枝、疏。疏枝包括疏除一年生枝和多年生枝。疏除过密枝、老弱枝、徒长枝、病虫枝等，达到改善光照、合理分配营养物质、保持生长势、均衡树势、防止病虫害发生蔓延的目的。葡萄疏枝主要在一年生枝上进行，疏枝应留 1 厘米的残桩，干枯后再剪去，以保护保留枝蔓。疏枝不能造成相对的伤口。疏剪多年生蔓时，要尽量使伤口偏向一侧，尽量少造对口伤，或伤口连片，以免组织坏死，阻碍输导通畅。

(3) 缩剪

把多年生枝剪去一部分称为缩剪，也叫回缩、缩。缩剪有恢复树势，防止结果部位外移，改善光照，均衡树势等作用。

5. 葡萄枝蔓“瞎眼”怎么办?

俗称的“瞎眼”是指不能抽出新梢、枝蔓光秃的现象。

(1) 葡萄枝蔓“瞎眼”的原因

造成葡萄枝蔓大量“瞎眼”的原因主要有以下几个方面：葡萄在幼树期过分徒长，新梢不充实，芽眼不饱满，且加上留枝过长，次年后期营养条件差，形成“瞎眼”；肥料缺乏或氮素过多，造成枝蔓组织不充实，叶功能差，从而导致“瞎眼”；枝叶过密或留果过多，光照不足，枝蔓不能正常成熟而产生“瞎眼”。

(2) 葡萄枝蔓“瞎眼”的防治

在了解葡萄枝蔓“瞎眼”原因的基础上，根据实际情况，采取相应的技术措施进行对症预防与补救。

在幼树阶段，追肥应以有机肥料为主，同时喷施新高脂膜600～800倍液，提高树体对有机肥的吸收和利用，防病菌感染增强树势；不宜过度施用速效氮肥，有机肥应在采果后秋施，而追肥应以前半年为主，特别是雨季不可追施速效氮肥；雨季要注意葡萄园排水，葡萄生长后期要控制浇水。4～6月一次蔓生长发育期，要坚持每隔10天喷施1次0.3%的尿素和0.2%的磷酸二氢钾溶液，以满足芽眼分化和果实膨大的需要；适期进行疏花疏果，合理调整葡萄的负载量。适量剪留结果枝，不可过长或过多，适量定梢，摘心和处理副梢，使架面的光照条件合理，芽眼分化良好。发现徒长枝及时喷促花王3号，把营养生长转化成生殖营养，抑制主梢疯长，促进花芽分化，提高花粉受精质量。对“瞎眼”部位发出的弱梢，要留2～3节短截，使翌年另发好枝，以更新复壮老蔓。如果枝蔓粗壮，当年即可留长梢摘心，培养成结果母枝或母蔓。

6. 葡萄需要人工授粉吗？

人工授粉是果树生产的重要技术之一。大多数果树需要授粉受精才能结实。葡萄大多数的花具有雄蕊和雌蕊，可以自花授粉结果，不需要像苹果、梨那样进行授粉。少数雌能花品种，也就是只有雌蕊的品种，自己本身没有花粉，需要其他品种授粉。所以，人工授粉主要在雌能花品种上进行，增产效果明显。两性花品种一般不进行人工授粉。但据中国农大试验，对两性花的玫瑰香盛花期进行一次人工授粉，也可提高坐果率18%。

葡萄人工授粉的方法比较简便，可以在花期抖动两性花品种的新梢，使花粉飞扬，增加自然授粉的机会；还可以戴上手套，先轻轻拍摸两性花品种的花序，花粉粘在手套上，然后再拍摸雌能花品种的花序；花期放蜂可明显提高座果率，放蜂主要是放养蜜蜂。

7. 葡萄为什么能一年多次结果?

葡萄开花才能结果，开花必须形成花芽。葡萄新梢的叶腋间形成两个芽，一个是冬芽，一个是夏芽。冬芽一般今年形成，经过冬天，来年萌发，所以叫冬芽；夏芽形成后接着萌发，所以叫夏芽。一般在开花时新梢上的冬芽开始分化，到第二年春天芽萌动时才渐趋完善形成花芽，直至开花。

但有些品种，在适宜的条件下，芽具有早熟性，可以一年多次分化，多次形成花芽，如玫瑰香、巨峰等品种。有人观察，甜水葡萄在山东济南一年可结八次果，但仅有1～3次果可以成熟，当然这是在露天，如果在温室中栽培，收获果实的次数还多。有些品种的夏芽也能分化花芽，葡萄一年可发出多次副梢，在这些夏芽副梢上常带有花序，当年即可开花结果，即一年结二次甚至三次果。这两种情况，就为一年多次结果奠定了基础。

一年多次结果可以延长鲜果的供应期，如果一次果不能满足产量要求，还能补充一次果产量的损失或不足，可使葡萄增产10%～20%，提高经济效益。当树体遭受自然灾害而使结果枝产量下降时，利用夏芽及冬芽二次结果，来弥补损失的产量，具有重要意义。二次果一般具有皮厚、耐运、晚熟、色艳浓、含糖量高和含酸量高的特点，能延长鲜果供应期。

并不是所有的品种能够多次结果，如东方品种群中的龙眼、牛奶、黑鸡心等品种，由于其花芽分化较晚，不能当年分化完成，且开花结果，故不宜采用来作二次结果。所以，要多次结果，必须先选好品种。

8. 葡萄都需要埋土防寒吗?

葡萄是否埋土防寒，要根据葡萄的抗寒性和当地气候条件决定。

抗寒性指对寒冷的抵抗特性。葡萄起源于温带，属于喜温作物，耐寒性较差。葡萄不同组织和器官对低温的抵抗能力不同，春天刚萌发的芽在－3℃时30～60分钟即受冻，嫩梢及幼叶，在－2℃经60～120分钟受冻，而花序在0℃时就受冻害。秋季叶片和浆果在－3～－5℃时受到冻害，秋后早霜容易造成落叶。

冬季休眠期，欧州种葡萄成熟枝蔓能忍受－16～－18℃的低温，根系能忍受－5～－7℃的低温；美州种葡萄成熟枝蔓能忍受－20～－22℃的低温，根系能忍受－11～－12℃的低温；山葡萄成熟枝蔓能忍受－40～－50℃的低温，根系能忍受－14～－16℃的低温。

一般认为冬季－17℃的绝对最低温等温线是我国葡萄冬季埋土防寒与不埋土防寒露地越冬的分界线。我国葡萄冬季覆盖与不覆盖的分界线，大致在从山东莱州到济南，到河南新乡，山西晋城、临猗，陕西大荔、泾阳、乾县、宝鸡，甘肃天水，然后南到四川平武、马尔康、云南丽江一线。此线以南地区葡萄不覆盖可以安全越冬；而在此线以北在冬季绝对低温为－17～－21℃之间的地区，需要埋土防寒轻度覆盖才能安全越冬；而在冬季绝对最低温－21℃线以北的地区栽培葡萄，冬季要埋土防寒严密覆盖。分界线附近的地区，不埋土防寒一般年份可以安全越冬，个别年份发生冻害，一旦发生就有较大损失，建议每年埋土防寒。在土层50厘米深处地温常在－5℃的地方，最好选用抗寒砧木，进行嫁接栽培。

五、葡萄保护技术

（一）葡萄保护关键技术

1. 怎么综合防治葡萄病害？

葡萄病害防治以防为主，防治结合，综合防治。综合防治以农业防治为主，化学防治为辅。下面以葡萄物候期为线索，列出全年葡萄病害防治技术，供参考。由于各地物候期进展不同，主要病害的种类不同，可用的药剂种类也有差别，应根据具体情况加以调节。

（1）休眠期（11月上至3月上中旬）

①防寒保温。用保温材料防寒保温，防治冻害及其引发病虫害。

②清园。将枯枝落叶、病穗、病僵果等带出园外，集中烧毁或深埋。消灭白腐病、炭疽病、黑痘病、霜霉病等越冬菌源。

（2）萌芽期（3月下旬至4月上旬）

①刮树皮。刮老树皮，消灭越冬害虫。

②喷药。喷施3～5波美度石硫合剂，防治蔓枯病、黑痘病、白腐病、炭疽病、白粉病等。

（3）开花前（4月中旬至4月下旬）

喷药。选用以下方案，可加入0.3%钙 和0.3%硼。

• 方案一：往年灰霉病、穗轴褐枯病病重果园喷50%异菌脲1200～1500倍液，10%多抗霉素800～1000倍液，400克/升嘧霉胺1000～1500倍液，50%啶酰菌胺水分散粒剂1000～1500

倍液；轻病果园喷80%代森锰锌可湿性粉剂800倍液。

• 方案二：往年炭疽病、白腐病病重果园喷10%苯醚甲环唑水分散粒剂1500～2000倍液，70%甲基硫菌灵可湿性粉剂800～1000倍+80%代森锰锌可湿性粉剂或70%代森联水分散粒剂800倍液；轻病果园可单喷10%苯醚甲环唑水分散粒剂1500～2000倍液，80%代森锰锌可湿性粉剂800倍液，70%代森联水分散粒剂800倍液。

(4) 开花期（5月上中旬）

喷药。开花期一般不喷化学药剂，以免造成药害。防治穗轴褐枯病、灰霉病等，可视病害情况在落花70%以后，喷4%核苷酸类抗菌素水剂600～800倍液。

(5) 落花后（5月下旬至6月上旬）

喷药。以下方案防治白腐病、炭疽病、黑痘病、白粉病、灰霉病、穗轴褐枯病等。喷药可加入0.3%钙和0.3%硼。

• 方案一：干旱时，先保后杀。即先喷1∶0.5∶200倍波尔多液。12～15天后再喷10%苯醚甲环唑水分散粒剂1500～2000倍液，80%多菌灵可湿性粉剂800倍液，4%核苷酸类抗菌素水剂600～800倍液。

• 方案二：多雨时，先杀后保。即先喷10%苯醚甲环唑水分散粒剂1500～2000倍液，4%核苷酸类抗菌素水剂600～800倍+50%烯酰吗啉2500倍液，再喷1∶0.5∶200倍波尔多液或77%硫酸铜钙可湿性粉剂600～700倍等液。

• 套袋时药剂处理：70%甲基硫菌灵可湿性粉剂1000倍+80%代森锰锌可湿性粉剂800倍液，10%苯醚甲环唑水分散粒剂1500～2000倍+80%代森锰锌可湿性粉剂800倍液。多雨潮湿时将代森锰锌换为50%烯酰吗啉水分散粒剂2000～3000倍液。

(6) 幼果膨大期（6月下旬至7月上旬）

喷药。喷50%烯酰吗啉水分散粒剂3000倍加430克/升戊

唑醇悬浮剂5000倍液，25%硅唑·咪鲜胺水乳剂800倍液，并与波尔多液1∶0.7∶200倍交替使用，以防治白腐病、炭疽病、黑痘病、霜霉病等。避免在中午高温阶段喷药。

(7) 果实着色期（7月中下旬）

喷药。1∶1∶200倍波尔多液或77%硫酸铜钙可湿性粉剂600～700倍液，并与72%霜脲氰+代森锰锌可湿性粉剂600～800倍+25%硅唑·咪鲜胺水乳剂800倍、40%氟硅唑6000～8000倍或25%丙环唑2000～3000倍液交替使用。主要防治炭疽病、白腐病、霜霉病、黑痘病、褐斑病等。杀菌剂中加入粘着剂（如皮胶），避免雨水冲刷。

(8) 果实采收期（8月上旬至9月上中旬）

喷药。喷25%丙环唑2000～3000倍+72%霜脲氰+代森锰锌可湿性粉剂600～800倍液。与1∶1∶200倍波尔多液或77%硫酸铜钙可湿性粉剂600～700倍液等交替。主要防治白腐病、炭疽病、霜霉病、灰霉病、白粉病、褐斑病等病害。按照不同农药的安全间隔期合理使用。

(9) 果实采收后（9月下旬至10月）

清园。剪除挂在树上或掉在地上的病果，清除病叶、杂草，减少各种越冬病害病原。

2. 怎么综合防治葡萄害虫？

(1) 休眠期（11～翌年3月）

葡萄进入休眠期，猖獗为害的害虫停止了活动，各种害虫以不同虫态、方式进入了越冬状态，且其越冬场所比较隐蔽。

①清理果园。葡萄落叶后及时清除落叶枯枝和杂草，集中起来烧毁，防治葡萄十星叶甲、葡萄二星叶蝉、葡萄小叶蝉等在落叶、枯枝和杂草中越冬的害虫。

②剪除病虫枝。结合修剪，剪除病虫枝梢。彻底剪除葡萄

透翅蛾为害并已膨大的枝蔓，有斑衣蜡蝉卵块的死亡无用枝及有葡萄虎天牛越冬的枝蔓等，并将剪下的病虫枝带出果园集中处理。

③刮除老粗树皮。在葡萄出土后及时将老翘皮刮掉，并集中销毁，以消灭在其内越冬的葡萄短须螨的雌成螨，在此基础上，喷洒 3～5 波美度石硫合剂加害立平 1000 倍液。同时发现斑衣蜡蝉的卵块也要刮除。

④消灭越冬虫态。结合葡萄冬季埋土和春季出土，进行果园翻耕，以消灭葡萄天蛾、葡萄虎蛾、雀纹天蛾、葡萄斑蛾等越冬虫态。

（2）开花期（4～5 月）

葡萄开花期，新梢已很快长成，随着气温逐渐升高，越冬后的害虫开始活动，在新梢或叶片上进行为害。此期主要害虫有葡萄二星叶蝉、斑衣蜡蝉、葡萄短须螨、葡萄长须卷蛾等。因某些害虫喜在幼嫩部位及叶背为害，故药剂防治时一定要细致周到。

①摘叶杀虫。利用葡萄十星叶甲初孵幼虫基本在下部叶片的特点，摘除幼虫叶片集中处理。

②灯光及糖醋液诱杀。利用葡萄天蛾及雀纹天蛾等具趋光习性，5 月份安置黑光灯诱杀越冬代成虫，或设置糖醋液盆诱杀葡萄天蛾。

③人工捕杀。利用杨叶甲、苹毛金龟子及小青花金龟等成虫具有假死性特点，张单震落，集中杀灭。

④化学防治。在 5 月上旬斑衣蜡蝉若虫孵化盛期喷 50%敌敌畏乳油或 40%氧化乐果乳油等常规药剂防治 1～2 次。同时还可兼治葡萄短须螨、葡萄二星叶蝉成虫及部分若虫。

5 月下旬在葡萄二星叶蝉若虫盛发期可喷洒 20%杀灭菊酯乳油 3 000 倍液加害立平 1 000 倍液，并可兼治葡萄十星叶甲及晚发的斑衣蜡蝉若虫。

(3) 果实发育期（6～7 月）

葡萄果实发育期子房开始膨大发育成浆果，也是害虫防治的关键时期。此期主要害虫有葡萄二星叶蝉、葡萄短须螨、葡萄天蛾、葡萄透翅蛾等。

①剪除虫枝。及时剪除有虫粪或枯萎的枝条并加以处理，以消灭刚孵化的葡萄透翅蛾幼虫及葡萄虎天牛，不宜剪除枝条可用铁丝从蛀孔刺杀幼虫。同时可捕杀葡萄天蛾成、幼虫。

②人工捕杀。进入 6 月初，葡萄十星叶甲幼虫已具假死性，可利用其习性进行震落捕杀。

③灯光诱杀。安置黑光灯可诱杀葡萄天蛾、葡萄透翅蛾及吸食浆果的夜蛾科成虫。

④化学防治。葡萄短须螨的防治适期在越冬螨已全部出蛰但未产卵以前和其后的繁殖为害高峰期；葡萄天蛾和葡萄十星叶甲的防治适期是幼虫孵化盛期；葡萄虎蛾在第一代幼虫孵化盛期是其防治适期；葡萄透翅蛾防治适期是成虫盛发期及幼虫盛发期。

(4) 果实采收期（8～10 月）

葡萄不同品种逐渐成熟，陆续进入采收期，害虫仍处于为害期，防止不可松懈。但切忌使用高残留或剧毒农药，以防发生中毒事故。

①剪除虫枝或刺杀害虫。剪除被葡萄透翅蛾幼虫为害枝，若被害枝较多，可用铁丝从蛀孔刺杀幼虫，同时捕杀葡萄天蛾 2 代幼虫。

②人工捕杀。利用十星叶甲成虫的假死性震树捕杀。

③诱杀成虫。用黑光灯或糖醋液诱杀葡萄天蛾 1 代幼虫，兼诱杀夜蛾科成虫。

④化学防治。葡萄短须螨此时仍处于繁殖盛期，危害较重，可喷药防治并兼治斑衣蜡蝉和葡萄二星叶蝉成虫；此时葡萄天

蛾1代成虫正处于盛期，葡萄虎蛾正处于2代幼虫严重危害期，二者发生严重果园可选择合适药剂防治1～2次。

3. 怎么防治葡萄病毒病?

根据葡萄病毒病的发生规律、传染方式及其为害特点，其主要防治措施可概括为：清除和限制传染源；防治传毒介体；使用无病毒或抗病毒繁殖材料。

(1) 建立严格的检疫制度

目前，地区间葡萄相互引种和材料交换频繁，病毒传播的机会增多，因此加强检疫是防止病毒病传播蔓延的重要措施。凡是从国内外引入的葡萄苗木、接穗、插条、砧木等繁殖材料应进行严格检测，确保无外来病毒病原侵入。必要时可对其用热疗、药剂等处理进行消毒。

(2) 培育栽植无病毒苗

目前尚未研究出能够防治葡萄病毒病的化学药剂，就化学防治而言，仍存在一定的困难。因此，培育和栽植无病毒苗木是防治葡萄病毒病最根本和最经济有效的措施。

(3) 清除病株

对于症状明显的病毒病病株及时清除，发病严重的葡萄园应全部更新。

(4) 防治传毒介体

对通过介体传播的病毒，在栽培无病毒苗木的基础上，应及时防治传毒介体，才能收到预期效果。

对感染葡萄扇叶病等由线虫传播的多面体病毒的病株，拔除后其根周围还应用杀线虫剂对土壤进行消毒，减少线虫数量，降低发病率。若发现传染卷叶病和皱木复合病的粉蚧等媒介昆虫，应对其进行化学防治。

(5) 选育抗线虫和抗病毒砧木

选育具有抗线虫和抗病毒的砧木，也是防治葡萄病毒病行之有效的方法之一。具有抗性的砧木对葡萄病毒病，特别是对扇叶病具有绝对的免疫力。国外已成功的利用抗线虫的砧木嫁接苗木来防治线虫传多面体病毒病。

(6) 选育抗病毒葡萄品种

在葡萄再生和转化技术的基础上，结合分子水平的有关信息，人们已将线虫传播多面体病毒，如：GFLV，ArMV 和 GCMV 的外壳蛋白基因或多聚酶基因，导入葡萄得到了抗病毒的葡萄砧木和欧洲种葡萄，这些砧木和品种就抵抗病毒。

4. 怎么预防葡萄冻害?

(1) 选用抗寒砧木和品种

选用抗寒砧木是解决葡萄冻害的基础。在冬季极端温度较低的地区，除选择抗寒砧木外，还应选择抗寒的品种。北方地区采用东北山葡萄或贝达葡萄作砧木，可提高根系抗寒力，其根系分别可耐－16℃和－11℃的低温，致死临界温度分别为－18℃和－14℃。其他可选的砧木为山欧杂种，如公酿 1 号、公酿 2 号、SO4、5BB 等。

极抗寒山葡萄根系可忍受－15℃的低温，贝达等较抗寒品种可忍受－13℃，而巨峰等不抗寒品种可忍受－9℃。据试验，在－20℃条件下处理的砧木萌芽率超过 80%的有 110R、8B、1103P、MRH20、贝达、香百川和霞多丽；在－25℃条件下萌芽率除贝达和 SO4 外均低于 50%；在－25～－30℃处理下砧木 SO4、3309C、1103P、5BB、110R 及 3309C 显示了较高抗冻能力，生根率超过 80%；其它品种只在－20℃以上保持较高的生根率。

(2) 适地适栽

葡萄园选址时尽可能在背风向阳的地方栽培，避免在低洼地或阴坡栽培。

(3) 科学施肥

葡萄1年生枝条的成熟度对于葡萄越冬具有十分重要的作用。葡萄前期生长旺盛，需N肥较多，使用肥料的比例为：N∶P∶K=1∶0.4∶0.5。在果实迅速膨大到果实转色成熟，应多施P、K肥，施肥时3种大量元素的比例为：N∶P∶K=0.5∶0.8∶1，这样利于养分的转移和果实的着色成熟，提高品质。果实要适时采收，采收后及时施入基肥，每666.7米^{2}施入基肥5～8米^3，施入基肥时可以加入一定量的P、K肥。使树体营养充足，以提高越冬阶段的抵御寒冷的能力。

(4) 加强病虫害防治

加强病虫害防治，保护好葡萄叶片，使秋季叶片完整，提高光和性能，积累丰富的有机营养，促进枝条成熟，顺利通过晚秋、早冬的变温锻炼，提高葡萄树体的抗寒性。

(5) 合理整形修剪

整形修剪合理、恰当，不但能提高葡萄的产量和品质，同时能增强树体养分积累，减少树体养分消耗，有利于葡萄树体越冬。应注重葡萄的夏季管理，例如摘心、疏枝等，控制后期的营养生长，使枝条发育充实，提高葡萄的抗寒能力。冬季修剪时，有大的锯、剪口部位，涂抹凡士林等保护剂，以防止锯剪口部位因气温过低受冻或抽条。

(6) 及时浇越冬水

浇灌越冬水，对提高葡萄树体的抗寒力和翌年春季生长有重要作用。在低温来临前，浇灌越冬水，可以溶解大量的树体养分，使树体内部冰点降低，提高树体的抗寒能力。同时，在寒冬期间，土壤水分对保持低温稳定有促进作用，防止根系受冻。

(7) 埋土防寒

在冬季发生低温危害地区，要采用埋土防寒措施。在冬季

不埋土防寒地区，防止冻害可以采用根部培土、树体包扎、清除死皮后树干涂白等措施，对葡萄冬季防寒也有良好的作用。

5. 葡萄发生冻害怎么办?

葡萄冻害发生后，应积极实施补救措施：修整树体、补植缺株、加强土肥水管理、覆盖地膜、加强病虫害防治、控制产量，以恢复树势，减少损失。

(1) 树体修整

在葡萄萌发前，注意葡萄架式的整理，如紧铁丝、立柱的扶正或更换，为葡萄萌发后上架做准备。

• 冻害较轻的葡萄植株将冻害部位剪截，同时增施氮肥并浇透水，促进隐芽和未冻死的芽眼萌发；等萌芽展叶 3～4 片时开始喷施低浓度的氨基酸叶面肥，一般每 7～15 天 1 次。

• 冻害较重的葡萄植株，1 年生枝全部保留，全部留 4～5 芽短截，这样 1 年生枝上偶然存活的芽有可能萌发和长出新梢。以后在抹芽除梢时，尽量选留比较强壮的新梢，将其培养为下一年的结果母枝。同时，通过新梢摘心等措施，利用副梢结二次果，以弥补部分产量。生长强健、成熟良好的副梢，也可以剪留为下一年的结果母枝。

• 冻害特重的葡萄植株，在春天葡萄树液流动之前，围绕植株基部挖宽约 20 厘米、深约 15 厘米的小坑，露出地下干。在距主要根系部约 6～8 厘米的部位，将植株地上部完全锯除，进行所谓“平茬”更新，然后覆土 5～6 厘米，以后长出一些萌蘖，从中选留 2～3 个强壮枝培养成新的主蔓，并利用副梢迅速成形。这样，不仅避免了植株完全死亡的损失，而且在条件适宜的情况下，葡萄的叶幕在 1～2 年内即可基本恢复。

(2) 缺株补植

植株地上、地下全部死亡，可刨掉死亡植株，挖出老根，开沟施入细碎优质有机肥，并与土壤掺拌均匀，从临近植株处选老蔓或根干部位的萌蘖新条，压蔓补株。

(3) 土肥水管理

葡萄遭受冻害后，一般发芽晚，长势弱，要加强肥水管理。施肥要优质腐熟细碎有机肥与速效易吸收的化肥并重，随施肥进行浇水，以浇透为好，不宜大水漫灌，以有利于提高地温，促根早发。除土壤施肥外，还可适当进行叶面喷肥，喷施氨基酸叶面肥等，促进隐芽萌发。及时中耕，去除杂草等。

(4) 覆盖地膜

葡萄施肥浇水后，要覆盖地膜，特别是葡萄根系和枝蔓受冻的葡萄园，覆盖地膜可提高早春土壤温度，防止土壤水分蒸发，还有利于土壤微生物活动，增加根系生长和养分吸收能力，避免杂草丛生，有利于受冻根系的恢复和生长。覆盖地膜要做好畦，筑好埂，把地膜压实。如需再施肥浇水时可从一面把地膜撬开，施肥浇水后再把地膜压好，并把膜上土扫净，充分发挥地膜提温保湿效果。

(5) 防治病虫害

葡萄受冻后，直接导致树体衰弱，枝蔓伤口多，植株生长弱，抗病能力差，易受病虫害侵染，及时进行病虫害的预防至关重要。刮除翘皮、癌瘤、剪除病部，及时喷布石硫合剂，杀灭越冬病虫害病原。

(6) 合理负载

对于受冻的葡萄园，要适当控制产量，合理负载。疏除部分结果枝或果穗，减少结果量。及时合理定梢，过多的新梢、芽，及时疏除，以增加营养物质的积累，促进葡萄树体恢复，增强树势。

6. 怎么预防葡萄霜冻?

(1) 预防葡萄早霜冻

一般年份秋末冬初随着气温的逐渐下降，出现轻霜、中霜，使葡萄植株得到锻炼，提高了抗寒能力，最后出现酷霜和霜冻，使葡萄未木质化的新梢及叶片受冻，但这不影响下一年的葡萄生长和结果。如果秋末气温突然下降到0℃以下，葡萄枝芽就会发生冻害，使组织内部结冰，枝条的形成层和髓部都变成褐色，芽眼枯死不能萌发，一般轻的造成树势衰弱减产，重的部分植株死亡或全园毁灭。葡萄入冬霜冻的预防措施如下：

①选择适宜品种。各地区应按照无霜期长短，选择生长期适宜的优良品种，以便秋季枝条充分成熟。

②控制负载量。葡萄产量过高时，枝条、果实成熟延后，影响抗寒力，易造成冻害。因此，要按照树龄、树势合理负担产量。

③提前埋土防寒。入冬前密切关注天气预报。在霜冻来临之前，提前对葡萄幼树根茎和新生枝条采取埋土措施，防止霜冻，等过程结束后，再将土去掉，进行抗寒锻炼。

(2) 预防葡萄晚霜冻

①适当推迟撤土、揭草苫时间。近年来受晚霜危害严重的地区，埋土防寒的葡萄可适当推迟撤土露蔓时间。一般当气温稳定在9～10℃时，当地杏花已经开放，可将埋土越冬的红地球葡萄分2次进行撤露蔓，即先撤土，后揭草苫等覆盖物。撤土时间也不能过晚，过晚则皮层易腐烂，或已萌新芽，撤土时易受损伤。

②涂白和灌水。早春对树干、骨干枝进行涂白，树冠喷8%～10%的石灰水，以反射光照，减少树体对热能的吸收，可以降低树体温度，推迟发芽物候期。葡萄萌芽前灌水1～2次，

可降低地温，推迟萌芽、开花等物候期，避免晚霜危害。试验表明，在葡萄萌芽后至开花前灌水2～3次，在提高土壤湿度的同时，一般可延迟2～3天开花。

③灌水和喷水。根据天气预报，在霜冻前2～3天进行灌水，可提高土壤湿度和空气湿度，增加热容量，待夜间遇冷时，凝成水滴时能释放出潜热，提高温度，有利于降低霜冻危害。灌水时要灌透。喷水应在寒潮来临前1～2天进行，对于一些灌透水的葡萄园，此种方法可以促进上述作用，注意喷水应将树干淋湿。另外，对于已经萌芽或抽枝的葡萄，树体及叶片均匀喷施0.1%的生理盐水，可以提高树体自身的抗冻能力，预防萌芽期到花期的霜冻。

④覆盖薄膜。对于葡萄种植面积相对较小的篱架葡萄园，可以在霜冻前沿架面覆盖塑料薄膜，霜冻后温度升高时及时撤除覆膜。

⑤熏烟。在霜冻来临之前的傍晚，用碎柴草、锯末、糠壳等作为燃料堆成烟堆，当气温下降到接近0℃时点燃。火堆排列在迎风面，堆置点间距12～15米。点火熏烟可使低空形成逆温层，提高近地面空气的温度，每666.7米^{2}堆放10个烟堆熏烟，可提高气温1～2℃。熏烟可以预防或减轻霜冻对葡萄幼龄器官的低温伤害。尤其对地势低洼的果园，效果非常好。注意烟堆要用暗火。近些年来，采用硝铵、锯末、柴油混合制成的烟雾剂代替烟堆熏烟，使用方便，烟量大，防霜效果好。

⑥加热。加热防霜是现代防霜较先进而有效的方法。在果园内每隔一定距离放置一加热器，在将发生霜冻前点火加温，使下层空气变暖而上升，而上层原来温度较高的空气下降，在果树周围形成一暖气层，一般可提高温度1～2℃。

⑦吹风。辐射霜冻是在空气静止情况下发生的。利用大型吹风机吹风，加速空气流通，将冷气吹散，可以起到防霜效果。

试验表明，吹风后的可升温1～2℃。

⑧喷施药剂。霜冻前喷施防冻剂对葡萄枝蔓能够起到良好的保护作用。因此，霜冻前可以对葡萄植株，尤其是葡萄幼龄器官喷布防冻剂1～2次。就介绍，“天达－2116”植物细胞膜稳态剂，具有抗病虫、抗霜冻、抗旱等机理。喷施“天达－2116”后，可以有效地降低细胞质液的渗出，保持水分，对细胞起到保护作用。即使发生冻害，也能及时修复细胞的膜系统，从而达到预防冻害的目的。

7. 葡萄发生晚霜危害怎么办？

（1）树体修整

霜冻发生以后，首先对树体进行修建整理，根据受冻害的程度分别采取措施。

• 受害较轻的，新梢顶部幼叶轻微受冻，花序尚完好，可将新梢顶部受害死亡的梢尖连同幼叶剪除，促使剪口下冬芽或夏芽尽快萌发。

• 受害中等的，新梢上部包括叶片50%左右的嫩梢受冻，花序基本完好。可将新梢受冻死亡的部分剪除；新梢中下部未受冻、仅叶片死亡的，剪除叶片，促使剪口下冬芽或夏芽尽快萌发，上部萌发的副梢保持延长生长，中、下部保留二、三片叶摘心。

• 受害严重的，整个新梢、叶片及花序几乎全部受冻死亡。将新梢从基部全部剪除，促使剪口下结果母枝原芽眼副芽尽快萌发。

• 特殊情况下，如部分葡萄园结果母枝仅顶端一、二个芽萌发，下部还有二三个冬芽未萌发，若是新梢受冻引起的，可从结果母枝上直接剪掉已经萌发受冻的新梢，促使结果母枝上其他冬芽萌发，对当年产量影响不大；如果结果母枝受冻死亡，可从多年生的枝蔓处剪掉，促使隐芽萌发，但几乎没有产量。

(2) 加强土肥水管理

覆盖地膜，提高地温，促进根系生长。及时施尿素或复合肥每666.7米^{2}用量为20千克，加1250千克稀薄的猪粪水浇灌，施肥后及时松土。一方面可改善葡萄根系的通透性，提高根系呼吸；另一方面，对于砂壤土也具有提高地温的作用。还可以根据受冻害的程度区别对待，受害较轻的，少量追施复合肥，每666.7米^{2}施10千克左右；受害中等的，适当追施复合肥，每666.7米^{2}施20千克左右；受害严重的，较多地追施复合肥，每666.7米^{2}施30千克左右。施肥后及时灌溉。

全年叶面喷肥4～5次，分别在花前2周左右，喷布1次200～300倍的硼砂加少量磷、钾、镁、锰等，以改善花期营养。坐果后至果实成熟前20天喷3～4次400倍磷酸二氢钾，以提高坐果率，增加单粒重。

(3) 促进二次结果

霜冻受灾严重的葡萄园，对重新萌发的枝条，有花序的要全部保留，无花序的在花期前，对主梢摘心，同时除上部1～2个副梢留下并反复摘心外，其余下部副梢同时摘除。10～15天后再摘除留下的1～2个副梢，逼迫附近冬芽萌发，促其二次结果。若观察到上部第一个冬芽不萌发，应迅速剪去，使第二个冬芽萌动（如巨峰、玫瑰香）。

(4) 重视病虫害防治

树体受冻后，树势较弱，抗病能力降低，极易造成病虫侵害。在萌芽前喷3～5波美度石硫合剂的基础上，因霜害正处于发芽后（2～3片叶时），要立即喷布内吸性的杀菌剂，如甲基硫菌灵、多菌灵、井岗霉素多菌灵，杀虫剂可选用灭幼脲3号、扑虱蚜等，主要防治黑痘病、白腐病、绿盲蝽等。

8. 葡萄怎么防控雹害?

(1) 国外人工防雹

国外人工防雹方式分为两类：一类是过量播撒催化剂，此法基于冰雹形成区，人工增加冰雹胚胎，争食有限水量，从而限制冰雹的生长；另一类是爆炸法，用炮或火箭直接射击雹云。世界各国进行人工防雹中多数采用过量播撒催化剂法，常用的催化剂是碘化银，个别也用碘化铅等。

(2) 我国人工防雹

我国人工防雹作业自上世纪 50 年代末期开始进行。刚开始采用的是土火炮和土火箭防雹，70 年代初期开始使用三七高炮，后发展为火箭。高炮、火箭防雹虽然具有射程高、防雹效果直观、安全性能高等诸多优点，同时存在许多问题：一是对冰雹的监测、预报和识别能力滞后；二是航空线的制约，打炮前必须向空管部门请示；三是物价上涨，炮弹价格上升，投入费用逐年增加，人工防雹遇到了新的挑战。

河北省林业科学研究院经过 20 多年的研究和示范应用，通过架设防雹网取得了理想的防雹效果，架网葡萄园较未架网园可减少 9 成以上的损失，减少经济损失 80%以上，其中叶片防护效果 50%，枝防护效果达到 70%以上，果实防护效果达到 90%以上；鸟害危害率降低 95%以上。

(3) 设立防雹网防雹

①架设支架。按照既能承载防雹网重量和冰雹冲击，又能节约投资的原则，支架株行距按 2.5 米×6 米设立。

• 老园支架架设。老园利用现有立柱经改造即可，即在立柱上捆绑一木杆而成，木杆粗 5～8 厘米，长 80 厘米。将选取好的木杆表面刮光滑，顶部锯成平面，下边削成马蹄形，然后用 10～12 号铅丝将木杆捆绑在选好的立架上，木杆在旧立架上

面留 50 厘米，下面留 30 厘米和立架紧贴，用两道铁丝将木杆和旧立架绑紧不能松动，两道丝间距 10～15 厘米。木杆顶端用胶皮包裹，以防木杆将网磨坏，延长网的使用寿命。

• 新建园支架架设。架设防雹网的支架（立柱）在制做时无论是水泥柱还是花岗岩石柱均较原有的长度增加 60 厘米，地下多埋 10 厘米，地上多留 50 厘米，以增加稳定性和承载雹网的能力。

支架顶端要放架垫，架垫材料用旧轮胎或旧布制成，大小 10 厘米×12 厘米。以防止雹网的磨损。

水泥支架制做，用不低于 325 号水泥和 4 根 6.5 毫米钢筋制成水泥立柱（也可用 8 号铅丝做立柱内网架）。水泥支架制做时顶部予埋一小 U 形铅丝环，以备固定网架铅丝。老园选用木制支架时，在架设网架后用自制 U 形环固定网架铅丝。

②架设网架。网架用 8～10 号铅丝或 10～12 号钢丝架设。支架（立柱）架好后，用铅丝或钢丝架设网架。按照规格要求先架边线，然后从边线引横线竖线形成网架。网架要用紧线器拉紧。

③架设防雹网。防雹网用聚乙烯网或铅丝网。聚乙烯网眼大小为 1.2 厘米×（1.2～1.5）厘米×1.5 厘米，这种网有白、蓝、绿等几种颜色，以白色最佳，材料有 3 合一、4 合一、6 合一、9 合一几种编织而成。铅丝网。用 22 号镀锌铅丝织成，网眼大小 1.2 厘米×（1.2～1.5）厘米×1.5 厘米，也可用 22 号冷拔丝纺织成，遇雨易生锈，降低使用年限。

网架架好后，把防雹网平铺在网架上，拉平拉紧，在边缘用尼龙绳或 20 号细铅丝固定，为结合防鸟应将防雹网下沿放到地面，不留空隙。

④压网。防雹网架设好后上面用尼龙绳做压线将防雹网压住。风大的地方需用细竹竿或细木棍与铅丝网架绑紧，以防风将网掀起。

为延长使用年限，葡萄下架埋土后要及时收网，将网拉到一端捆绑或将网取下收回，防风化、老化。

9. 葡萄发生雹害怎么办?

(1) 清理架面，修整枝穗

雹灾后，立即将枝蔓理顺、摆正在架面上，并用稻草等物绑缚牢固；及时收拾落地的残枝、残叶、残花序，清除出园；已折断、劈裂的新梢，在伤口处剪平，以缩小伤口面积，促进伤口愈合和副梢萌发。对折断的花序，太短的（2～3 厘米长）从基部剪除，花序不整的缩剪到适宜分枝处，以减轻负载量，保持穗形完整美观。

(2) 加强土肥水管理

雹灾后，土壤通气性差，地温偏低，树势削弱，严重影响根系生长。因此，及时进行中耕松土和低洼处排水工作，增加土壤的通透性，为根系生长创造良好条件。

及时补充速效性肥料，土壤追施尿素和氮磷钾复合肥料，葡萄生长后期增施磷钾肥，促进果实着色和枝蔓成熟。结合喷药进行叶面追肥，肥料以 0.3%～0.5%尿素和 0.3%～0.5%磷酸二氢钾为好，注意喷施要均匀。

(3) 加强药剂防护

雹灾后，新梢、叶片、枝蔓、花序等部位都有不同程度的损伤，树势削弱，生长速度变缓，病菌极易侵染。所以，在修整完枝穗后立即喷施 1 次石灰半量式波尔多液，或大生 M-45 可湿性粉剂 800 倍液，75%百菌清可湿性粉剂 600～800 倍液，进行药剂保护。在后期的管理过程中，随时检查病虫害的发生、危害情况，适期进行有针对性的药剂防治，保证植株健康生长。

(4) 保护枝蔓，增加叶片

保护枝蔓、增加叶片这是重点工作。对于营养枝，其上萌发的副梢全部保留或留顶端二、三个副梢，每个副梢留三、四叶摘心，其上再萌发的副梢，留一、二叶摘心；对于结果枝，果穗以下副梢全部抹除或留一、二个副梢，其上留一、二叶摘心，果穗以上的副梢全部保留或留顶端二、三个副梢，每个副梢留三、四叶摘心，其上再萌发的副梢，留一、二叶摘心。事实证明，这种处理方法对果实发育和枝蔓成熟的作用非常明显。

在7月中旬至8月，对因雹灾受伤严重且已老化的叶片及时剪除，减少养分损失，提高架面的透光率。

(5) 激发结二次果

对已经摘心的健壮主梢，只留最顶端的一冬芽副梢，将其余副梢全部抹除，一般能得到质量较好的花序。若最顶端的副梢上没有花序，则将其抹去，再促发顶端副梢。对尚未摘心的健壮主梢，在夏芽没萌发的节上对其摘心，并将下部所有副梢抹除，只留顶端夏芽副梢。若夏芽副梢上没有花序，待其展叶4～5片时，留2～3片叶摘心，促其萌发夏芽三次枝。每条副梢上往往出现2个果穗，一般将上部1个果穗疏除，只留下部1个。当副梢展叶6～7片时，在果穗上部留3～4片叶对副梢摘心。

10. 葡萄园怎么防控风害？

防控风害有以下措施。

(1) 营造防风林网

防风林是利用森林的防护、绿化、净化、防风固沙、水土保持、涵养水源等功能，以防御自然灾害、维护基础设施、保护生产、改善环境和维持生态平衡等为主要目的的森林群落。根据其防护目的和效能，分为水源涵养林、水土保持林、防风固沙林、农田牧场防护林、护路林、护岸林、海防林、环境保护林等。

防风林要达到最好的防风效果，应由 10 行以上的树组成，选择具有抗风性能强、根系发达的树种种植成行、成网、成带、成片的防风林，能起到抗风、护岸、防风固沙、降低风速、增加空气温度、调节水源，改善环境和维持生态平衡的作用。

根据一般经验，结构合理的林带防风距离可达树高的 25～30 倍，在 15～20 倍的距离内效果最佳。若按树高 20 米计算，每条防护林带的防护距离达 300～400 米。试验证明，在林带背风面 15 倍林高的地方，其平均风速均比旷野降低 40%～50%，在林高 20 倍的地方，风速可降低 20%。

（2）设立风障

风障是利用各种高秆植物的茎秆栽成篱笆式设施，加大地面的动力粗糙度，干扰风的流场以达到降低风速，截留风沙流中沙物质，减缓风力侵蚀设置的障碍物。相对于防风林网而言，防风障是一种控制风蚀的有效方法。风障的防风效果显著，可使风障前的近地层气流相对稳定，而且风速越大，防风效果越好，通常五、六级的大风在通过风障后仅为一、二级风。

此外，在冬季设在苗圃的风障还能起防风保温作用。风障能充分利用太阳的辐射能，来提高风障保护区的地温和气温。因为，风障增加了被保护地太阳辐射的面积，使太阳的辐射热扩散于风障前。此外，由于气流比较稳定，风障前的温度也容易保持。据测定，一般风障前夜温较露地要高 2～3℃，白天高 5～6℃。风障的增温效果，以有风晴天时最为显著，无风晴天次之，阴天不显著。保护地距风障愈近，温度愈高。

（3）设立防风网

河北省林业科学研究院在河北怀来盆通过在葡萄园架设防风网，研究防风网对降低风速影响以及防风网对葡萄植株的保护作用。观察表明，架设防雹网和防风网的葡萄园，大风造成的危害相对较轻。防风网外风速不同，对应的防风网内不同距离的风速变化趋势不同。当网外风速在1～2米/秒时，防风网阻风效果不明显；当网外风速在2～3米/秒时，障内风速在30米以内均小于网外风速，说明此时的防风网防护距离为30米。当网外风速为3～4米/秒时，障内风速在40米以内均小于网外风速，说明此时的防风网防护距离为40米。当风速在4～6米/秒时，防风网的防护范围已经超过观测范围，阻风效果明显。网外风速越大，障内风速降低幅度越大，防风效果越明显。

从不同网眼规格下葡萄叶片受大风危害的破损率看，风的危害程度，无论架网与否，棚架面重于篱架面，相差7%以上；架网对保护葡萄叶片的作用明显，未架网的葡萄园叶片总平均破损率达到了51.97%，而网眼规格为1.0厘米^{2}的架网葡萄园叶片总体破损率只有24.67%，相差27.3个百分点，差异十分明显；网眼规格不同效果各异，处理与对照差异显著，处理1.0厘米×1.0厘米和1.2厘米×1.2厘米与1.5厘米×1.5厘米之间差异显著。说明网眼规格越小保护效果越好。

防风网设立具体方法参见“葡萄怎么防控雹害?”。

11. 葡萄园怎么防控鸟害?

在保护鸟类的前提下，防止或减轻鸟类在葡萄园的活动是防御葡萄园鸟害最根本的措施。

(1) 果穗套袋

果穗套袋是最简便的防鸟害方法，同时也防病虫、农药、尘埃等对果穗的影响。但灰喜鹊、乌鸦等体型较大的鸟类，常能啄破纸袋啄食葡萄，因此一定要用质量好、坚韧性强的纸袋。在鸟类较多的地区可用尼龙丝网袋进行套袋，这样不仅可以防止鸟害，而且不影响果实上色。

(2) 架设防鸟网

防鸟网既适用于大面积的葡萄园，也适用于面积小的葡萄

园或庭院葡萄。其方法是先在葡萄架面上 0.75 米～1.0 米处增设由 8 号到 10 号铁丝纵横成网的支持网架，网架上铺设用尼龙丝制作的专用防鸟网。网眼为 3 厘米×3 厘米的防鸟网防鸟效果最好。网架的周边垂下地面并用土压实，以防鸟类从旁边飞入。由于大部分鸟类对暗色分辨不清，因此应尽量采用白色尼龙网，不宜用黑色或绿色的尼龙网。

在冰雹频发的地区，调整网格大小，将防雹网与防鸟网结合设置，是一个事半功倍的好措施。

防鸟网的架设还可参见“葡萄怎么防控雹害?”。

(3) 增设隔离网

对晾葡萄干的晾房进出口及通风口、换气孔上事先设置适当规格的铁丝网、尼龙网，以防止鸟类的进入。

(4) 改进栽培方式

在鸟害常发区，适当多保留叶片，遮盖果穗，并注意果园周围卫生状况，也能明显减轻鸟害的发生。

(5) 利用超声波

近来，一种新型的驱鸟设备——超声波驱鸟器应用于生产，其超声波输出频率在 2 万赫兹以上，在此频率范围内播放干扰鸟类听觉的特定频率的超声波脉冲，可驱赶保护区域内的鸟类。它以成本低，无污染，最大限度地保护鸟类等明显的优势，迅速受到了广大果农的青睐。

例如，泉州新起点电子科技有限公司的 AF-03 型超声波驱鸟器，使用频段为 16～25 千赫兹试验，放置超声波驱鸟器的试验区域中的鸟害程度显著小于没有放置驱鸟器的对照区域，其鸟害程度还受到时间、距离超声波驱鸟器的位置等因素的综合影响。

超声波驱鸟器作为一种新型的驱鸟技术，在机场、高压电线杆以及国外的一些果园已经得到了普遍的应用，但是在国内果园的应用并不多，由于具有成本低、无污染的特点，在农业应用中具有很大的优势，相信在未来的几年，超声波驱鸟器会在国内得到广泛的使用。

(6) 其他方法

防鸟的方法还有人工驱鸟、放炮、扎稻草人、悬挂光碟、使用反光膜、声音驱鸟器等。

（二）葡萄保护疑难问题详解

1. 葡萄的病虫害有哪些？

(1) 葡萄的病害

葡萄的病害有葡萄白腐病、葡萄黑痘病、葡萄霜霉病、葡萄炭疽病、葡萄白粉病、葡萄灰霉病、葡萄褐斑病、葡萄蔓割病、葡萄房枯病、葡萄苦腐病、葡萄穗轴褐枯病、葡萄枝干溃疡病、葡萄锈病、葡萄根癌病等。这些病都是由病菌引起的。

葡萄病毒病是由病毒引起的。侵染葡萄的病毒种类有60种，其中分布最广、危害最重的葡萄病毒病害主要有葡萄扇叶病、葡萄卷叶病、葡萄栓皮病、葡萄茎痘病、葡萄斑点病、葡萄新梢矮缩病、葡萄花叶病、葡萄皱木复合病、葡萄斑点病等。

葡萄生理性病害有葡萄缩果病、缺素症等。

(2) 危害葡萄害虫

危害葡萄的害虫有葡萄根瘤蚜、葡萄斑叶蝉、葡萄斑衣蜡蝉、葡萄园金龟子、葡萄园绿盲蝽、葡萄虎蛾、葡萄天蛾、葡萄透翅蛾、葡萄十星叶甲、葡萄虎天牛、葡萄短须螨、葡萄瘿螨、葡萄瘿蚊等。

2. 防治葡萄病虫害的措施有哪些？

葡萄病虫害防治要坚持以防为主、综合防治的原则，植物

检疫、农业防治、生物防治、物理防治、化学防治综合进行。

(1) 严格检疫

植物检疫又称法规防治，是根据国家颁布的法令，设立专门机构，禁止或限制危险性病、虫、杂草传入或输出，或者在传入以后限制其传播，消灭其危害的一整套措施。对于检疫对象，要做到疫区不输出，新区不引入，发现检疫对象应及时扑灭。葡萄根瘤蚜、美国白蛾、葡萄癌肿病和葡萄黄脉病都是我国的主要检疫对象。

(2) 农业防治

农业防治是采取适宜的栽培技术措施，增强葡萄的抗性，减少病虫害的发生。

①选择抗病品种。生产上应用抗性品种是防治病虫害最经济有效的方法。根据当地气候条件，选择适应当地气候的品种，可以最大限度地降低农药使用量。如葡萄品种康太，是从康拜尔自然芽变中选育出来的，不仅能抗寒，而且对霜霉病和白粉病抗性也较强。还有从日本引进的欧美杂交种的巨峰群品种，抗黑痘病、炭疽病性能也较强。从国外引进的抗根瘤蚜和抗线虫的葡萄砧木，如和谐、自由等，通过无性嫁接培育出的葡萄苗木，能达到防治葡萄根部病虫害的目的。

②加强综合管理。合理施肥，注重秋施基肥，666.7 米^{2}施入腐热农家肥 5000 千克，随树龄及负载量增加，可适度增加基肥施用量；追肥注重磷、钾肥及微肥的使用，适度控制氮肥的施用量，同时注重铁、硼、锰、锌等微量元素的使用。土壤管理方面，适时对土壤进行中耕除草等，增强土壤通透性，避免与植株争夺肥水。结合追肥进行浇水，旱时浇水，灌好封冻水；建立完善的排灌设施，雨季及时排水，控制地下水位过高。根据不同品种及架势确定栽植密度，保证架面通透适度。生长季节，及时摘心、除副梢、去除卷须等项工作，保持植株生长良

好。冬季修剪时，根据品种特性剪留芽眼，预备枝选留也要根据树势及品种特性等进行，以确定合理负载量。果穗套袋，既可防止农药污染，又可防止病虫危害，从而预防和减轻病虫害发生。随时摘除病叶、病果、病枝，及时清理修剪下来的病叶、病枝等，并集中深埋或烧毁，清除病原菌。人工捕捉成虫和幼虫，以控制和减少病源、虫源。保持果园清洁，在秋季修枝时要彻底清扫落叶、枯枝。

(3) 物理防治

物理防治利用果树病原、害虫对温度、光谱声响等的特异性的反应和耐受能力，杀死或驱避有害生物的方法。

①杀虫灯诱杀成虫。在葡萄园内，每隔100米设置频振式杀虫灯一台，灯距葡萄架顶50厘米，设置日期可从4月下旬至10月上旬，对蓟马、金龟子、成虫飞蛾等诱杀效果显著。

②糖醋液诱杀。主要针对化学药剂难以防治近葡萄成熟期发生的害虫，如白星花金龟等。配置方法为：糖6份、醋3份、酒1份、水10份，于害虫发生期，将糖醋液装在碗内，用铁丝吊挂在树冠周围，每隔10米挂一个，每天傍晚挂出，第二天清晨收回。

③人工防治。人工剪除病虫枝梢、清理病虫果、剪除害虫卵块、人工捕杀害虫、早春时刮掉老皮，并适度喷石硫合剂，可杀死病原菌及虫体。

(4) 生物防治

生物防治主要包括以虫治虫，以菌治菌等方面。其特点是对果树和人畜安全，不污染环境，不伤害天敌和有益生物，具有长期控制的效果。

①保护和利用天敌。自然界里天敌昆虫很多，保护利用自然天敌，防治果园中害虫是当前不可忽视的生物防治工作。捕食螨、介壳虫的天敌是红点瓢虫和黑缘红瓢虫，蓟马的天敌是

小花蝽和姬猎蝽，要保护好这些天敌，尽可能使用选择性强的杀虫剂（即对天敌安全、对害虫高效），以达到以虫治虫的目的。

②以菌治病、治虫。如利用苏云金杆菌等，在害虫体内繁殖，致使昆虫死亡。

③性诱剂诱杀。将性诱激素置于诱捕器上引诱和诱杀雄成虫。

(5) 化学防治

应用化学农药控制病虫害发生，是目前果树病虫防治的必要手段。尽管化学农药存在污染环境、杀伤天敌和残毒等问题，但是它有其它防治方法不能代替的优点，如见效快、效果好、广谱、使用方便、适于大面积机械作业等。化学防治要安全、合理用药。

①安全用药。使用高效低毒农药或生物农药，禁止使用高毒高残留农药，严格遵守限用农药的使用条件限制，注重安全间隔期的限制等。

②合理用药。掌握病虫害发生发展规律做到监测及时，预防为主，在病害发生前或初期用药，虫害卵化期或危害初期用药，可降低病害发生程度及降低虫口密度；要对症用药，根据生长期选择药剂对病虫害进行正确地诊断后再用药，并适期选择药剂，如葡萄生长初期及幼果期选用对树体、幼果安全，不易污染的药剂，套带前不宜选用含金属离子和硫制剂的农药，如百菌清、退菌特和铜制剂等。

在农药有效浓度范围内，尽量应用低浓度，不可盲目提高用药剂量、浓度和次数，以避免产生药害和抗药性；防治病害喷雾一定要仔细、均匀，叶的正面和叶的背面都要喷到，尤其在预防各种果穗病害时，更应着重喷洒果穗果粒；高温季节要避开高温时间段，以防药效降低；不可长期使用一种农药，避免产生抗药性；农药混用时注意酸性、碱性农药不可混用，农药混用后要兼治几种害虫，毒性和残留不可高于单用药剂，且要随配随用。

3. 防治葡萄病虫害的农药有哪些？

(1) 防治葡萄病害的杀菌剂

①防治葡萄霜霉病的农药。主要有波尔多液、克菌宝、可杀得、绿乳铜、绿得保、铜大师、铜帅、普德金、保加新、代森锌、大丰、喷富露、大生富、丙森锌、代森联、品润、安泰生、猛杀生、大生 M-45、科博、易保、噻菌酮、必备、多菌灵、特哈、纳米欣、甲基托布津、安克、克露、霉多克、普力克、阿米西达、乙霉威、菌立灭、甲霜灵、三乙磷酸铝、杀毒矾、雷多米尔、抑快净、烯酰吗啉、霜脲氰、霜霉威、氟吗啉、缬霉威等。

②防治葡萄黑痘病的农药。主要有保加新、普德金、创美兰、大丰、喷富露、大生富、安泰生、喷克、易保、新万生、大生 M-45、福美双、特哈、多菌灵、纳米欣、甲基托布津、金力士、烯唑醇、霉能灵、福星、世高、敌力脱、好力克、甲基硫菌灵等。

③防治葡萄灰霉病的农药。主要有普德金、喷富露、保加新、创美兰、福美双、大丰、喷克、扑海因、大生富、大生 M-45、易保、百可得、速克灵、腐霉利、纳米欣、多菌灵、甲基硫菌灵、金力士、敌力脱、农利灵、嘧霉胺、宝丽安、多抗霉素、戴挫霉、施佳乐、乙霉威、乙烯菌核利、过氧乙酸、武夷霉素、木霉菌等。

④防治葡萄炭疽病的农药。主要有波尔多液、创美兰、福美双、普德金、大生富、保加新、大丰、安泰生、大生 M-45、喷克、新万生、特哈、多菌灵、易保、纳米欣、甲基硫菌灵、甲基托布津、金力士、炭疽福美、溴菌清、丙环唑、施保功、溴菌清、咪鲜胺、苯菌灵、世高、醚菌酯、福星、好力克、仙

生等。

⑤防治葡萄白粉病的农药。主要有石硫合剂、硫悬浮剂、保加新、普德金、百菌清、达克宁、特哈、氯苯嘧啶醇、金力士、速保利、丙环唑、翠贝、特富灵、敌力脱、粉锈宁、己唑醇、百理通、好力克、福星、烯唑醇、腈菌唑、氟菌唑、稳歼菌、十三吗啉、信生、仙生等。

⑥防治葡萄白腐病的农药。主要有波尔多液、克菌宝、创美兰、福美双、普德金、保加新、代森锌、大生富、大丰、丙森锌、代森联、安泰生、易保、喷克、特哈、科博、必备、金力士、纳米欣、烯唑醇、苯菌灵、氟硅唑、福星、万兴、多菌灵、甲基硫菌灵、世高、稳歼菌、霉能灵、烯唑醇、多菌灵、恶醚唑等。

⑦防治葡萄褐斑病的农药。主要有石硫合剂、多硫化钡、波尔多液、绿得保、绿乳铜、科博、普德金、保加新、大丰、创美兰、特哈、大生富、安泰生、大生 M-45、喷克、新万生、猛杀生、易保、多菌灵、纳米欣、烯唑醇、甲基硫菌灵、甲基托布津等。

⑧防治葡萄黑腐病的农药。主要有石硫合剂、索利巴尔、多硫化钡、波尔多液、百菌清、退菌特、普德金、保加新、创美兰、特哈、多菌灵、苯菌灵、纳米欣、金力士、甲基托布津、甲基硫菌灵等。

⑨防治葡萄蔓枯病的农药。主要有石硫合剂、多硫化钡、波尔多液、普德金、保加新、创美兰、特哈、喷富露、大丰、大生富、喷克、猛杀生、新万生、易保、大生 M-45、敌菌丹、克菌丹、多菌灵、苯菌灵、纳米欣、金力士、甲基托布津、中生霉素、福星、好力克等。

⑩防治葡萄房枯病的农药。主要有石硫合剂、波尔多液、碱式硫酸铜、普德金、保加新、大丰、创美兰、绿得保、绿乳铜、科博、必备、特哈、纳米欣、苯菌灵、金力士、世高、醚

菌酯、福星、好力克、仙生、甲基硫菌灵等。

⑪防治葡萄穗轴褐枯病的农药。主要有普德金、保加新、大丰、喷富露、喷克、扑海因、大生富、大生M-45、新万生、易保、猛杀生、多菌灵、甲基硫菌灵、纳米欣、金力士等。

⑫防治葡萄毛毡病的农药。主要有石硫合剂、多硫化钡、索利巴尔、硫胶悬剂、螨涕、灭扫利、天王星、联苯菊酯、氟丙菊酯、吡螨胺、螨死净、卡死克、浏阳霉素、阿维菌素、阿维虫清等。

（2）防治葡萄害虫的杀虫剂

①防治葡萄透翅蛾的农药。主要有阿灭灵、安绿宝、阿托力、阿耳发特、虫赛死、敌杀死、高效氯氰菊酯、保得、功夫等。

②防治斑衣蜡蝉的农药。主要有融蚧、速扑杀、速蚧克、杀扑磷、马拉硫磷、杀螟硫磷、辛硫磷、阿灭灵、阿托力、阿耳发特、绿百事、安绿宝、功夫、歼灭、高效氯氰菊酯、保得等。

③防治葡萄根瘤蚜的农药。主要有敌敌畏、辛硫磷、好劳力、安民乐、乐斯本、毒死蜱等。

④防治葡萄短须螨的农药。主要有石硫合剂、机油乳剂、硫悬浮剂、多硫化钡、尼索朗、农螨丹、双甲脒、螨涕、霸螨灵、唑螨酯、溴螨酯、扫螨净、哒螨灵、卡死克、浏阳霉素、苦参碱、阿维菌素、克螨特、噻螨酮、螨死净、苯丁锡等。

⑤防治葡萄瘿螨的农药。主要有石硫合剂、硫悬浮剂、尼索朗、螨涕、双甲脒、扫螨净、四螨嗪、三唑锡、噻螨酮、螨死净等。

⑥防治二星叶蝉的农药。主要有马拉硫磷、杀螟硫磷、喹硫磷、蚜虱净、吡虫啉、阿灭灵、安绿宝、阿耳发特、阿托力、天王星、虫赛死、敌杀死、功夫、高效氯氰菊酯、保得、百树菊酯等。

⑦防治介壳虫的农药。主要有石硫合剂、柴油乳剂、矿物油乳剂、蚧螨灵、融蚧、杀扑磷、速扑杀、蚧死净、优乐得、噻嗪酮等。

⑧防治叶螨（二斑叶螨、山楂叶螨）的农药。主要有石硫合剂、机油乳剂、硫悬浮剂、多硫化钡、螨涕、炔螨特、克螨特、噻螨酮、尼索朗、农螨丹、霸螨灵、阿波罗、双甲脒、速螨酮、扫螨净、哒螨灵、苦参碱、苯丁锡、三唑锡、三磷锡、倍乐霸、灭扫利、天王星、联苯菊酯、氟丙菊酯、吡螨胺、螨死净、螨即死、卡死克、浏阳霉素、阿维菌素、阿维虫清、爱福丁、虫螨光、害通杀等。

⑨防治金龟子的农药。地面用农药有辛硫磷、二嗪农、林丹、好劳力、安民乐、乐斯本等。树上用农药有辛硫磷、氰戊菊酯、杀灭菊酯、安绿宝、歼灭、兴棉宝、灭百可、保得等。

⑩防治绿盲蝽的农药。主要有吡虫啉、康福多、艾美乐、蚜虱净、安棉特、好年冬、丙硫克百威、啶虫脒、好劳力、安民乐、毒丝本、乐斯本、安绿宝、兴棉宝、保得等。

4. 葡萄病毒病为害有什么特点?

病毒病是由病毒侵入葡萄植株后引起的病害，一般不表现明显的症状，并不死树。但是能使植株生长衰弱，枝叶畸形，产量下降，品质变劣。葡萄主要靠扦插和嫁接等方法进行无性繁殖，这种繁殖方式导致了病毒的长期积累和重复感染，从而使病毒病的发生日趋严重。葡萄病毒病为害具有以下特点：

（1）潜隐性

一些葡萄病毒侵染葡萄后，一般情况下不表现明显的症状，呈潜伏侵染状态。葡萄卷叶病毒有阶段隐症；葡萄斑点病毒在欧亚种葡萄和大多数美洲葡萄种上不表现症状。

（2）系统侵染

葡萄一旦被病毒侵染，在较短的时间内，病毒就会扩展到整个植株的各个部位，致使病株上的接穗或插条都带毒，这些繁殖材料繁殖出来的苗木，也均是带毒的病苗。

（3）复合侵染

往往存在两种或两种以上病毒同时侵染一株葡萄，这主要是因为葡萄是多年生植物，且以无性繁殖为主，无论是砧木和接穗，只要一方带毒，生产出来的苗木均带有病毒。因此，经过长期的无性繁殖过程，多种病毒在砧木与接穗之间不断的传播、扩散，必然造成同一株葡萄上病毒种类的积累。

（4）长期为害，难以防治

葡萄是多年生植物，更新的周期长，目前还没有能够防治葡萄病毒病的有效药剂，因此，一旦苗木被病毒感染，病株将终生受害。

5. 冻害对葡萄有什么危害？

果树在休眠期因受0℃以下低温的伤害，细胞和组织受伤和死亡的现象，称为冻害。冻害有两种情况：胞外结冰和胞内结冰。所谓胞外结冰是外界温度逐渐下降到植物组织冰点以下，细胞间隙中的水结冰，细胞内水分外渗，导致原生质体过度失水，蛋白质凝固变性。另一种情况是胞内结冰，是指气温突然下降或降的很低时，细胞水分来不及渗透到细胞间隙，直接在细胞内结冰，使细胞原生质结构遭到机械损伤，细胞死亡。

尽管世界各国葡萄种植带都在南北纬40℃左右的地方，但同世界上大多数葡萄种植地区比，我国葡萄产区受西伯利亚寒流影响，冬季异常寒冷，是葡萄园需要冬季大面积埋土的唯一国家。我国优势葡萄产区，特别是欧亚种优势产地多分布于西北、华北和东北地区。葡萄对低温的忍受能力，因种群和器官不同而异，根系可忍受－5℃低温，欧亚品种成熟新梢的冬芽一般可忍受－16～－17℃，多年生的老蔓在－20℃时发生冻害，

可致整棵植株死亡。此外，我国北部地区冬季寒冷干旱多风，空气干燥，不埋土的葡萄枝芽易被风干抽条，严重影响来年的芽眼萌发。因此我国北方寒冷地区栽植葡萄必须采取防寒措施，确保安全越冬和来年葡萄的产量与质量。

6. 葡萄冻害有什么症状?

(1) 葡萄冻害的表现

根据受冻程度葡萄冻害可归纳为四种表现：

①1 年生枝上的芽眼不同程度受冻，植株其他部分完好或受冻很轻；

②1 年生枝上的芽眼、韧皮部、木质部和形成层全部冻死，但多年生蔓受冻很轻；

③植株地上部的 1 年生枝和老蔓全部冻死，但根系基本完好；

④地上部地下部全部冻死。

(2) 葡萄不同器官冻害的表现

在不同器官上的表现症状是识别冻害的依据。

①芽眼。正常芽眼鳞片包被紧密，基部绿色；发生冻害的芽眼鳞片开裂或露出内容物，抠开芽眼，变褐或变黑。

②枝蔓。正常枝条为白褐色到棕褐色（不同品种不一样），枝条形态圆整，横截面绿色，充盈水分；发生冻害的枝条干枯、失水，截面发白或半干枯状。葡萄出土上架后，将 1 年生枝条剪下一小段，剪口断面已变深褐色，芽眼萌动期没有伤流，芽眼又迟迟不萌发，说明枝蔓有冻害。由于冻害程度不同，可能表现为几种情况：新剪口有少量伤流，滴水极慢，主蔓下部能正常萌芽，主蔓上部枝条有轻微冻害，髓部和木质部变褐色，而形成层仍为绿色，还可恢复生长，只是生长势弱，坐果率降低；新剪口有极少量伤流，只是主蔓基部枝条萌芽，上部枝条

形成层变褐色，枝条枯死，说明有严重冻害；既没有伤流，芽眼也不萌发，枝条干缩皱皮，剪口断面全部变黑褐色，说明地上枝蔓受冻已全部死亡。

③根系。正常根系表面黄褐色到黑色，根系截面乳白色，植株伤流正常，说明无冻害；根断面呈浅褐色，但木质部仍有存活的白色组织，木质部与韧皮部结合较紧密，说明有轻微冻害，可恢复生长；根断面全部呈褐色，但形成层部位变色较浅，手捏感到组织坚实，仍有少量恢复生长能力，说明有严重冻害；根断面全部变黑褐色，并呈水渍状，用手捏木质部与韧皮部软而易分离，说明根系无恢复生长能力，已全部受冻致死。冻害发生最多的地方是根系，因为根系不休眠，当根际温度低于−5℃时，则表现冻害。

7. 霜冻有什么特点?

霜冻是指空气温度突然下降，土壤和植株表面温度降到0℃以下，水气凝结成霜，使果树在生长季节遭受伤害，甚至死亡的现象。每年秋季第一次出现的霜冻叫初霜冻，翌年春季最后一次出现的霜冻叫终霜冻。

(1) 霜冻类型

根据霜冻发生的季节不同，可分为春霜冻和秋霜冻。

① 春霜冻。又称晚霜冻，也就是春播作物苗期、果树花期、越冬作物返青后发生的霜冻。

② 秋霜冻。又称早霜冻，秋收作物尚未成熟，露地蔬菜还未收获时发生的霜冻。

对葡萄危害大的是晚霜冻。

(2) 晚霜冻发生的条件

①气候条件。葡萄萌芽前后，北方地区一般在4月初到5月上旬，气温降到0℃以下，地温低于−2℃，风速小于5米/分，

相对湿度大于70%的条件下容易发生霜冻。

②地形条件。晚霜多发生在山洼地、河滩地的葡萄园。低洼地重于平地，平地重于山坡地，北坡地重于南坡地。

③土壤条件。沙质土壤受害较重，而粘土地受害较轻。沙质土壤春季回温快，白天温度偏高，葡萄发芽早，生长快，抗寒力弱，遇到霜冻植株易受害。

8. 葡萄霜冻有什么症状？

（1）早霜冻的症状

在我国北方一些地区，葡萄不能正常落叶，而是依靠霜打才落叶。在正常年份，秋末随着气温的降低先后出现轻霜、中霜和重霜，从而使叶片失去生理作用而变干，成熟的枝蔓因此也得到抗寒锻炼，抗寒能力增强，而末成熟的枝蔓则引起冻害，但并不影响第二年成熟枝蔓的萌芽、生长与结果。

而在秋末气温骤然降至零度以下，短时间内昼夜温差大时，在葡萄枝芽末完成抗寒锻炼时，导致枝条内外结冻，便会出现冬枯死脱落，枝条髓部和木质部变褐形成层冻伤，致使来年不发芽或很少发芽，轻者减产，树体衰弱；重者绝产，枝蔓大量枯死，甚至全园被毁。

（2）晚霜冻的症状

在冬季寒冷、生长期较短的内陆地区，易发生晚霜冻害。在早春气温回升快，葡萄出土发芽后突然寒流来临，气温降到零度以下，使幼嫩的新梢受冻枯死，致使当年绝产或减产。有的地区，在5月份后，还有晚霜出现，出现冻梢或冻花，造成严重减产。

幼芽受冻后，首先呈现为水渍状，之后温度回升，出现黑褐色，以致失水干枯，并脱落。幼梢叶片受冻后，出现灰褐色水渍状，之后则干缩在枝条上。花序受冻，则变黑、干缩，并脱落。其中受害较大的是红地球葡萄，葡萄园受晚霜危害的比较多，常造成大面积减产。

9. 风对葡萄有什么影响?

风灾是自然灾害之一，雨季常伴随狂风暴雨和冰雹袭来，给农业生产造成危害。适度的风速对改善农田环境条件起着重要的促进作用，增加空气流动，可减小空气湿度、降低病害的发生。大风和沙尘暴则会对农业生产特别是葡萄生产造成不利影响，大风使叶片机械擦伤、枝蔓断折、落花落果严重，进而影响产量和品质。春季葡萄萌动、生长、开花季节，大风易造成葡萄叶片破碎、花序干缩等现象的发生。

10. 葡萄园鸟害有什么特点?

葡萄园主要危害鸟类有灰喜鹊、喜鹊、麻雀、鸠鸽、啄木鸟等。鸟类啄食果粒，轻者使葡萄商品率下降，重者影响产量，并诱发葡萄白腐病等次生病害的发生。

葡萄园鸟害发生状况与栽培品种、栽培方式、栽培地区的自然条件密切相关。综合分析，葡萄园鸟害发生有以下几个特点：

(1) 危害有加重趋势

近年来，我国葡萄生产上关于鸟类危害的报道越来越多，不仅露地栽培的鲜食品种、酿酒品种遭受鸟害，而且温室、大棚葡萄和葡萄干晾房也常受鸟的侵袭。葡萄鸟害加重的原因，一是随着我国全民环境保护意识的增强，鸟的种类、种群数目急剧增加；二是随着葡萄大粒、色艳、皮薄、浓甜、早熟与晚熟新品种的不断出现，也增强了对鸟类的诱惑力，尤其是外露的葡萄穗，更易遭到鸟类侵袭。

(2) 不同品种受害不同

鲜食品种比酿酒品种严重，鲜食品种中，早熟和晚熟品种

的红色、大粒、皮薄、香气浓品种受害明显较重；绿色品种受害较轻。这可能与鸟类取食习惯有关，一旦在某处发现喜食的葡萄，就会固定掠食，从而也吸引其他鸟类来该处掠食，直到该地的葡萄完全成熟并采收，才转移到其他品种危害。

(3) 不同栽培方式受害不同

采用篱架栽培的鸟害明显重于棚架，而在棚架上，外露的果穗受害程度又较内果穗重。分析原因是棚架面对葡萄果穗有一定的遮蔽作用，而篱架葡萄面果穗多暴露于架面上，鸟易于取食。套袋栽培葡萄园的鸟害程度明显减轻，但应注意选用质量好的果袋。但像灰喜鹊、乌鸦等体型较大的鸟类，常能啄破纸袋危害葡萄，应另选其他方法。

(4) 不同物候期和时间受害不同

在葡萄园中观察发现，在一年之中，鸟类活动最多的时节是在果实上色到成熟期，其次是发芽初期到开花期。在一天之中，清晨、中午、黄昏 3 个时段是鸟类活动的高峰期，危害果实较严重。

(5) 不同环境受害不同

树林旁、河水旁和以土木建筑为主的村舍旁，鸟害较为严重，因这些地方距鸟类的栖息地较近，因此鸟害十分严重。

六、葡萄设施栽培技术

（一）葡萄设施栽培关键技术

1. 葡萄设施栽培建园的关键技术有哪些？

（1）园地选择

葡萄设施栽培首先要选择适宜的场地来建设施，园地的选择应考虑光照、风、土壤、水、空气等自然条件，要着重于防寒、保温、防止自然灾害和充分利用自然资源。

①光照。光照是葡萄光合作用的能量来源，也是设施内热能的主要来源。在寒冷季节里，最重要的是争取最大的光照时数和日射量。因此，应选择空旷没有高大建筑物和树木遮蔽的地方发展设施葡萄，或朝向南或东南呈10°角左右的缓坡地，在这样的坡地上，每天日照最早，时间最长，早春地温容易回升。

②风。风有促进空气流通、调节热量、造成破坏等作用。微风可使空气流通，补充设施内的二氧化碳，降低设施内的的湿度，不利于病虫害发生，有利于葡萄生长发育。但是，大风会降低温度，损害植株，破坏设备，不利于设施内增温保温，造成危害。因此，在有强烈的季候风地区，宜选择迎风面有天然或人工屏障物的地段，在山区更应注意避开山谷风，选择向阳避风的地段。

③土壤。土壤的物理结构、色泽、地下水位高低，对于地温的影响很大。疏松的黑褐色砂壤土的吸热量大，地温容易提高，最为理想。地下水位高的地方，土壤湿度大，地温不易提

高，对根系发育不利；同时也增加室内湿度，容易滋生病害。土壤的类型、质地、肥力、酸碱度等影响葡萄的生长发育。

④水。葡萄为水果，需水量大，设施栽培必须有充足的优质水源。在选择地段时，应靠近有水来源的地方，或有其他方式能够解决灌溉用水。同时要求水质好，水温不可过低，使灌溉后的地温能在短期内回升到原有温度。还要容易排水，以免发生涝害。

⑤空气。设施栽培要远离环境污染源，附近不应有灰尘、煤烟等污染，以免影响透光和产品质量。如果进行有机果品、绿色果品的生产，地点的选择还要符合其规定的要求。

（2）选择品种

葡萄设施栽培品种选择兼顾鲜食的栽培目的和栽培模式两个方面。

葡萄设施栽培，主要是供鲜食需要，因此一般应选择果粒大，果穗紧，不易脱粒，色泽艳丽，果粒大小一致，品质好，丰产，耐贮运的品种，并且易形成花芽，花芽着生节位低，第二年就结果，对环境条件适应性和抗病性强。

• 促早栽培，为了使葡萄浆果提早成熟上市，一般选择需冷量少、休眠期短的极早熟、早熟或中熟品种，浆果发育期在60～90天，如京秀、乍娜、凤凰51、玫瑰香、红双味、京亚、里查马特、大粒六月紫、黑香蕉、绯红、早熟红无核、郑州早玉、巨峰、户太8号等。露地栽培极早熟品种上市之前的空挡，也是一个机会，对品种和栽培技术要求相对前期低，可以选择适宜的中熟品种进行。

• 延迟栽培，希望浆果在10月中旬至12月份成熟上市的，可以不考虑需冷量的多少和休眠期的长短，只要是果实发育期长（一般浆果发育期为150天以上）或容易多次结果的中熟、晚熟和极晚熟品种均可。选择对直射光依赖性不强、散射光着色良好的品种，以克服设施内直射光减少、不利于葡萄果粒着色的弱光条件。常用的葡萄延迟栽培品种有：巨峰、玫瑰香、红宝石无核、红地球、秋黑、红意大利、意大利等。延迟栽培品种不能过分单一，目前全国葡萄延迟栽培基本是以红地球品种为主，红地球果刷耐拉力强，特别适合延迟栽培，是一个红色晚熟品种，但品种过分单调。为了适应市场的需要，在发展红地球品种的同时，可适当搭配如意大利亚（黄色）、魏可（红色）、秋黑（黑色）、圣诞玫瑰（紫红色）、红宝石无核（紫红、无核）、克瑞森无核（红色、无核）等多个色彩、性状各异的优良品种，丰富延迟栽培的品种组成，以适应更广泛的消费层次，取得更好的社会和经济效益。

• 避雨栽培，品种选择基本同露地栽培，主要根据国内外鲜食葡萄市场供应的规律及特点，结合当地气候条件、周边市场信息，宜选择夏黑无核、户太 8 号、醉金香、维多利亚、红地球、红宝石无核、高妻、巨峰、美人指、比昂扣等品种，采取早、中、晚熟品种搭配，延长市场供应期。

在同一棚室定植品种时，应选择同一品种或成熟期基本一致的同一品种群的品种，以便统一管理，而不同棚室在选择品种时，可适当搭配，做到中、晚熟配套，花色齐全。避雨栽培品种配置同露地栽培。

(3) 葡萄栽植

设施葡萄栽植技术包括确定栽植时期、栽植密度和栽植方法。

①栽植时期。新建设施进行设施栽培，直接栽植葡萄以春季栽植为宜，一般在 4 月份。如果实行一年一栽制，设施内的葡萄全部采收后刨除，于 5 月下旬至 6 月上旬栽植，如果用一年生苗，4 月份需先行假植。

②栽植密度。一年一栽的一般采用南北行，以双壁篱架栽植为主，亦可采用“独蔓”小棚架。实施双行带状栽植，即窄行距 50～60 厘米，宽行距 2～2.5 米，株距 40～50 厘米左右，

667 米^{2}栽 900 株左右。

在具体确定密度的时候，可从达到一定产量所需要的结果母枝数考虑，管理好、单株优良结果母枝培养的多，株距可以加大，如果 1 株只能培养成 1 个优良结果母枝，所需要的结果母枝数就是栽植株数。

③栽植方法。根据株行距挖深 40～60 厘米，宽 60～80 厘米的定植沟，将充分腐熟的优质有机肥 667 米^{2}4000～5000 千克和适量的磷、钾肥与土混拌均匀填入定植沟内，然后将芽眼饱满生长健壮的一年生苗或营养袋中培养的假植苗或者绿苗，按株行距栽好、浇水，并覆地膜保湿增温。

也可以挖定植沟后，先将土壤与肥料充分混匀后回填，并浇水沉实，再挖小穴栽植。即回填并浇水沉实的栽植沟，挖 30 厘米×30 厘米×30 厘米的小穴进行栽植。深度以苗木原土印的痕迹与地面平齐为准，并用脚踏实后浇透水。定植后留 3～4 个饱满芽进行定干。不同情况苗木栽植方法如下：

• 绿苗栽植。营养袋绿苗 4 月中旬根系长 10 厘米左右，具 3～4 片叶时即可栽植。如果是 6 月份已经采收的葡萄刨除后栽植大袋绿苗，先进行清园，喷 800 倍多菌灵对土壤消毒，施有机肥，将大苗连同营养钵一起栽于穴内，四周覆松土，然后双手轻提编织袋上沿，使其脱离营养土团，再将覆土踏实，少量灌水。

• 一年生苗直接栽植。一年生苗在设施内直接栽植，选有 3～5 条粗 1 毫米以上的主根，枝蔓粗 4～6 毫米、有 3～4 个饱满芽的一年生扦插苗。先把根系剪留 10～15 厘米，剪除烂根，剪平断根，用 1500 倍乐果浸根后，在 3 月下旬至 4 月 20 日以前栽植。

• 一年生苗先假植再定植。设施内已经种植其他作物，在 4 月 20 日以后到 6 月 20 日以前才能收获倒茬的，要采取大袋假植培育苗木办法，先进行培养，清园后再定植在设施内。

第一步苗木假植，方法是将编织袋或废旧的水泥袋一截为二，袋高30～35厘米，直径40厘米，绑紧下口，袋中装上30厘米营养土后，将葡萄苗栽植到袋中。苗木要求和处理同一年生苗直接栽植。营养土的比例为沤制腐熟好的有机肥1份，土5～10份。没有沤制好的鸡粪、鹌鹑粪等绝对不能用，以免烧苗。若用塑料方便袋时，因袋不漏水不透气，栽好苗木后，要在袋底及两侧捅上4～5个小洞通气排水。然后将袋排在地平面以下深35～40厘米的畦中，袋之间用土填好，然后浇大水。浇水后，用土再将袋间空隙填实，并在袋上覆2～3厘米浮土以利保墒。再复盖地膜以提高地温，促根早发早长提高成活率。

第二步假植后管理，葡萄假植苗发芽后，选留2个壮芽，其余抹除，待新蔓长到10厘米时，弱蔓摘心，旺蔓继续发育成独干苗。枝蔓长到20～30厘米时，苗旁立一个小竹竿，把枝蔓以8字扣引绑到上边，促进直立向上生长，经常检查和绑蔓，对生长过旺的枝蔓要绑向斜生，生长弱的绑向直立，使苗长势均衡一致。苗木发芽后喷一次700倍退菌特＋1500倍乐果或菊脂类农药防治病虫害；苗高30厘米，喷一次200倍等量式波尔多液。

第三步假植苗定植，假植苗定植棚内的时间越早越好，一般5月底6月初，设施内葡萄采收后，随即将整株拔除，清园消毒，整地施肥。然后将假植苗向设施内移栽，破袋取苗，要注意轻拿轻放，不要弄碎原袋内土坨，将苗定植在沟中，用肥土填充固定。然后浇水，浇水后要及时用肥土填充，整平畦面。使苗木不缓苗，继续生长。万一有苗袋土坨破碎，马上浇水遮阴，防止萎蔫缓苗。

2. 设施葡萄整形修剪关键技术有哪些？

设施葡萄一般采用双篱架单蔓整形长梢修剪、小棚架单蔓整形长梢修剪、龙干形和自然扇形整形修剪等。葡萄栽培中，

栽植方式、架式、树形和修剪方式要求配套，形成一定组合。

（1）双篱架单蔓整形长梢修剪

采用南北行向，双行带状栽植，有立柱的设施顺立柱架设篱架。双行带状栽植，即株距0.5米，小行距0.5米，大行距2.0～2.5米，为立柱的间距除去小行距占用部分。两行葡萄新梢向外倾斜搭架生长，下宽即小行距0.5米，上宽1.0～1.5米，双篱架结果。

整形过程是：苗木定植后，当新梢长到20厘米左右时，每株葡萄留一个新梢培养主蔓，即单蔓整形，落叶后剪留1.5米左右（长梢修剪），进人休眠期管理。升温萌芽后，每蔓留5～6个结果新梢结果。结果母枝直立上架的，形成小扇形（图6-1）；结果母枝水平引缚，则形成单臂单层水平形。可以距地面30～50厘米留一预备梢，上部结果后缩剪到预备梢处，把预备梢培养为来年的结果母枝。没留出预备枝的也可在果实采收后，及时将主蔓回缩到距地面30～50厘米处，促使潜伏芽萌发培养新主蔓，作为来年的结果母枝。主蔓回缩时间不能晚于6月上旬，以免萌发过晚，新梢花芽分化不良。新梢生长到8月上、中旬摘心，促进枝蔓成熟，落叶后剪留1.5米。即距地面30～50厘米处的主蔓保持多年生不动，而上部每年更新1次。

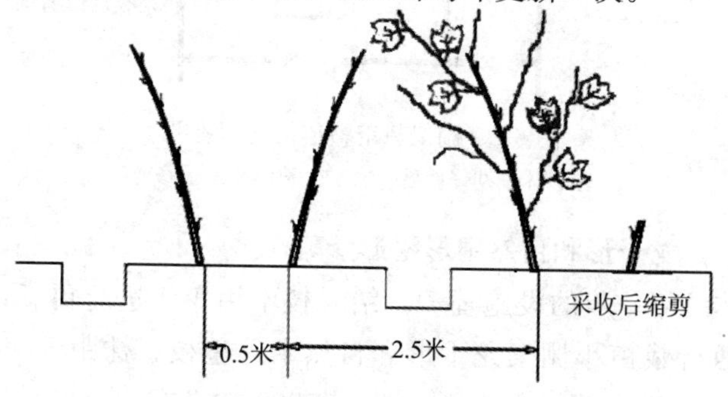

图6-1　双篱架栽培整形修剪示意图

左：休眠期修剪后　右：生长期及采后修剪

（2）小棚架单蔓整形长梢修剪

采用南北行向，双行带状栽植，株距 0.5 米，小行距 0.5 米，大行距 2.5 米。每株葡萄培养 1 个单蔓，当两行葡萄的主蔓生长到 1.5～1.8 米时，分别水平向两侧生长，大行距间的主蔓相接成棚架。整形过程是：升温萌芽后，在水平架面的主蔓上每隔 20 厘米左右留 1 个结果枝，将结果枝均匀布满架面。同时，在主蔓篱架部分与棚架部分的转折处，选留 1 个预备枝。待前面结果枝果实采收后，回缩到预备枝处，用预备枝培养新的延长蔓，作为来年的结果母枝。篱架部分不留结果枝，保持良好的通风透光条件。即篱架部分保持多年生不动，棚架都分每年更新 1 次（图 6-2）。这种整形方式具有结果新梢生长势缓和，光照条件好的优点。

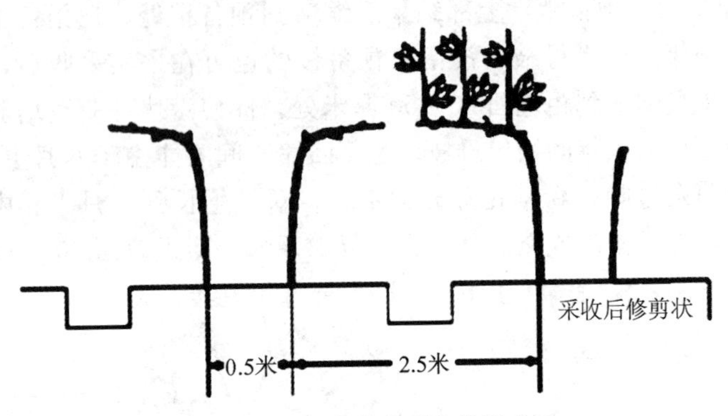

图 6-2　棚架栽培整形修剪示意图

左：休眠期修剪后　右：生长期及采后修剪

（3）龙干形和自然扇形整形修剪

非一年一栽的设施葡萄，结果枝不用年年进行更新，可采用东西行栽植小棚架龙干形和自然扇形整枝。株距 50～80 厘米，行距 5～6 米，每 666.7 米^2 栽 300 株左右。也可采用南北行栽植篱架自然扇形和水平形整枝。

小棚架采取龙干形整枝，注意架面与塑膜间保持50厘米距离，在主蔓上着生结果枝组，同一侧面结果枝距离不少于30厘米，每米架面留结果枝12个左右。

自然扇形整枝，参照露地栽培进行。

3. 设施葡萄栽植当年怎么管理?

设施葡萄栽植当年主要是植株管理、土肥水管理和病虫害防治，关键是按照树形要求培养骨干枝，形成良好的、足量的结果母枝，为来年设施内丰产打好基础。

(1) 植株管理

葡萄定植后，选1～3个新梢作为主蔓，一年一栽制一般是1个，小棚架双龙干形或扇形整枝2～3个，其余新梢去除。当新梢长到40厘米左右时，开始搭架引绑，并随时摘除叶腋中的夏芽副梢。主蔓40厘米以上的副梢，留一叶反复摘心，保留主蔓向上旺盛生长。也可以保留顶端2～3个副梢，每个副梢留2～3片叶反复摘心，其余副梢全部疏除。卷须随时去掉。

篱架栽培的，6月上中旬当棚前部苗高长到60～80厘米，棚中后部苗高长到1米左右时，摘心1次蹲苗，促进1米以下处花芽分花。第2次摘心是在棚前部苗长到1.2～1.5米，棚中部苗高长1.5米，后部长1.8～2米时。第2次摘心一般要在8月10日左右全部完成。不论什么时间摘心，摘心后要保留好顶端新梢生长点继续生长，要防止摘心过重刺激冬芽萌发。

(2) 土肥水管理

葡萄苗长到40厘米左右时开始追肥，以后每隔一个月到一个半月追肥一次，每次每株追施复合肥50～100克。小苗弱苗应地下施肥、地上叶面喷肥同时并举。结合打药喷3～5遍光合微肥或丰产素，间隔15天1次。

7月中旬以后，为防止枝蔓旺长，应控制氮肥，多施用磷肥、钾肥。8 月份叶面喷施 2～3 次磷酸二氢钾，以促进新梢成熟。

9 月份至落叶前进行秋施基肥，每 667 米^{2}施优质充分腐熟的有机肥 4000 千克左右，或用腐熟好的鸡粪、猪粪、酵素菌等有机肥，均匀混入 10 千克复合肥、2 千克硼砂、2 千克硫酸亚铁、4 千克硫酸镁等微肥做基肥施入沟中。

7 月份以前要注意及时浇水，促苗旺长。7 月份以后要注意控制肥水，防止苗木徒长。浇水后、雨后及时松土除草，疏松土壤。

(3) 病虫害防治

苗木发芽后喷 1 次 700 倍退菌特或百菌清，加（1605 或）氧化乐果 1500 倍或其他杀虫剂，防止病虫危害。6 月份以后高温多湿，重点防治霜霉病，每 10～15 天喷一次 200 倍等量式波尔多液。若已染病可用乙磷铝、代森锰锌、甲霜灵或瑞毒霉防治。7～8 月份要特别注意保护叶片的完好无损，这是翌年能否丰产的关键。根据具体情况用菊脂类农药防治天社蛾、蓟马等危害。

4. 葡萄促早栽培的关键技术有哪些?

(1) 休眠期管理

休眠期管理一般分为两段，一是休眠开始至升温前，主要管理是修剪、清园、促进休眠等管理。二是升温至萌芽前，主要是温度和湿度控制、病虫害防治、施肥、浇水等管理。使葡萄尽快通过休眠，及时萌芽，萌芽整齐健壮。

①修剪。温室葡萄修剪在落叶后半月进行，以便养分充分回流；不加盖覆盖物的大棚葡萄可以在严冬过后进行修剪。篱架的结果母枝剪留 1.5～1.8 米，温室前部、大棚边沿根据设施高度确定，结果母枝顶端离薄膜要有 30～40 厘米的距离。棚架

根据架面长度和树形确定结果母枝的剪留长度，龙干形整枝短梢修剪，扇形整枝长、中、短混合修剪。

②清园。修剪后清理设施，清除枯枝落叶、杂物，减少病虫源。

③喷药。清园或升温后，喷施 1 次 3～5 波美度的石硫合剂，病虫害防治。

④促进休眠。温室栽培，采用“人工降温暗光促眠”技术，尽早满足葡萄的需冷量要求。例如辽宁南部地区，一般在 10 月下旬至 11 月上旬，扣棚覆盖保温材料，进入休眠期管理。设施内保持 0～7℃的温度，同时保持土壤基本不上冻。

⑤升温。升温日期由设施保温能力、休眠期长短、果实发育天数、果实成熟期决定。如果需要果实尽早成熟上市，在设施保温达到要求以后，品种休眠期是限制因素，完成休眠后应该马上保温升温。例如在辽宁熊岳地区温室于 11 月上、中旬扣膜覆盖草苫促眠，巨峰系品种（欧美杂交种），在涂抹石灰氮的情况下，12 月下旬即可升温；而欧亚种群的乍娜品种于 1 月中下旬升温。

塑料大棚的升温时间因各地气候条件而异，在辽宁南部一般可在 3 月中下旬开始升温，改良式大棚可适当提早升温。

⑥温度、湿度管理。促眠期设施内保持 0～7℃的温度，湿度较高。

升温期的温度管理重点在地温而不是气温，设施内气温较地温升高容易，如果气温升高过快，而地温偏低，则根的活性差，吸收肥水困难，容易造成花穗质量差，坐果率低。因此，升温要缓慢，以便地上、地下升温同步。第一周白天温度控制在 15～20℃，夜间温度保持在 6～10℃，第二周白天控制在 18～20℃，以后白天控制在 20～25℃，夜间保持在 10～15℃为宜。

⑦土肥水管理。土壤覆盖地膜。

升温后，葡萄萌芽前667米^{2}追施尿素15千克，促进萌芽整齐和花芽继续分化。施肥后浇水。

升温催芽后，灌一次透水，增加土壤和空气湿度，使相对湿度保持在80%～90%。

⑧防寒。不加保温材料的塑料大棚，可在葡萄霜打落叶后，进行修剪，下架防寒。

(2) 新梢生长期管理

新梢生长期主要作业有温度湿度管理，抹芽定梢、新梢引缚、新梢摘心、副梢处理、去卷须、扭梢等枝蔓管理，花序处理，肥水管理，病虫害防治等。新梢摘心，副梢处理，疏花序、掐序尖、去副穗等花序处理，这些都是在开花之前配合进行的工作，主要是促进坐果，事关当年产量，非常重要。

①温度、湿度管理。为保证花芽分化的正常进行，控制新梢徒长，白天温度控制在25～28℃，夜间温度保持在10～15℃。

萌芽至花序伸出期，空气相对湿度控制在80%左右，花序伸出后控制在70%左右。

②抹芽定梢。抹芽是去掉部分嫩梢，能够节省树体养分，促进保留芽的生长。抹芽在萌芽后进行，一般进行1次。

篱架葡萄，距地面50厘米以内不留新梢，及时抹除。主蔓上每20厘米左右留1个结果枝，一个主蔓留5～6个结果新梢，即每株树留5～6个结果枝。棚架葡萄，水平架面主蔓上每20～25厘米留1个结果枝，即每米^{2}架面留8～10个结果枝。在保证留足芽的情况下，抹去弱芽、过密芽、无用的萌蘖、副芽、畸形芽等。

③引缚。引缚即绑蔓，篱架管理的葡萄及时将新梢均匀地向上引缚在架上，避免新梢交叉，双篱架叶幕呈V字形，保证通风透光，立体结果。棚架管理的将一部分新梢引向有空间的部位，一部分新梢直立生长，保证结果新梢均匀布满架面。

④摘心。新梢摘心，能抑制延长生长，使养分流向花序，

开花整齐，提高坐果率，叶片和芽肥大，花芽分化良好。

结果枝摘心在开花前3～5天或初花期进行，花序以上留5～7叶摘心。

⑤副梢处理。副梢处理在开花前开始，一年进行3～5次，第一次与新梢摘心同时进行。

副梢处理各地做法不一样。

• 一种做法是主梢摘心后，顶端只保留2个副梢，其余各节的副梢全部去掉，保留的2个副梢留2～4叶摘心，副梢上再长出二次副梢，仍留2～4叶摘心。

• 另一种做法是结果枝花序以下、发育枝5节以下各节的副梢全部抹去，以上各节的副梢留1片叶摘心。副梢上再发生副梢，仍留1片叶摘心，反复进行。当叶片过多时，剪回到第一次摘心的部位。不管采用哪种方法，以保证结果枝有足够的叶面积为原则。每个结果枝一般须保证有14～20个正常大小的叶片。

⑥去卷须。新梢上生长着卷须，它着生在叶片对面，卷须若不加以处理，将在架面上缠绕，影响新梢、果穗生长，给绑蔓、采收、冬剪和下架等操作带来不便，而且，卷须还消耗养分，所以应该结合葡萄植株管理的其他工作，随时将卷须摘除。

⑦扭梢。为了使结果枝在开花前长势一致，当顶端较旺新梢长到20厘米时，将基部扭伤，使生长速度放慢，以便使较弱结果新梢在开花前赶上。

⑧花序处理。葡萄的花序处理有疏花序、掐序尖、去副穗三项内容，这三项处理一般是在开花前结合摘心、处理副梢、去卷须等同时进行。

疏花序。将多余的花序去掉称为疏花序，植株负载量过大时疏去过密、过多及细弱果枝上的花序，可以调整负载量，减少养分消耗，提高坐果率和果实品质。疏花序在结果枝长到20厘米至开花前进行。疏花序采用“壮二中一弱不留”方法，即强壮的果枝留2穗，中庸果枝留1穗，弱果枝不留果穗。留花序的数量，总的原则是应当满足该品种果实达到正常质量所要求的叶片数。

掐序尖。葡萄一个花序中约有200～1500个花朵，大部分在坐果期脱落。掐序尖可以使养分供应集中，减少花朵脱落，使坐果数量达到生产要求，并且使果穗紧凑，果粒大小整齐，提高果实品质。掐序尖时间在开花前1周左右，用手将花序先端掐去全长的1/5～1/4。

去副穗。在花序基部有一个明显的小分枝，为副穗。去副穗就是将花序的副穗掐去。

⑨肥水管理。开花前一周，每株施50克左右氮磷钾复合肥，或腐熟的粪水每畦15千克右，保证开花坐果对肥水要求。

追肥后灌一次水，促进新梢生长，保证花期需水。最好管道膜下灌水，避免温室内湿度过大，发生病害。

⑩病虫害防治。开花前喷施1次甲基托布津或用百菌清进行一次熏蒸，防治灰霉病和穗轴褐枯病等病害，或喷1次70%可湿性代森锌800倍加氯氢菊酯1500倍液，防治穗轴褐枯病、黑痘病和蓟马等病虫害。

棚室内不宜喷施波尔多液，以免污染棚膜。

(3) 开花期管理

开花期是重要的物候期，从道理上讲也是葡萄管理的关键时期，但实际上促进坐果的大部分措施都在开花前已经进行。开花期间进行的主要有温度和湿度管理、喷硼等工作。

①温度、湿度管理。葡萄的授粉受精对温度要求较高，当日平均温度稳定在20℃时，欧亚种露地葡萄进入开花期。花期最适温度为25～30℃，在此温度下花粉发芽率最高，可在数小时内完成受精过程。气温高于35℃以上时，开花受到抑制。据试验巨峰葡萄花粉发芽在30℃时最好，低于25℃授粉不良。因此，花期白天温度控制在28℃，不低于25℃。夜间温度保持在

16～18℃，不低于 10℃。

空气相对湿度控制在 50%～65 %。

②提高坐果率。在开花前或开花初期喷 0.1%～0.2%的硼砂水溶液，可提高葡萄花粉发芽能力，提高坐果率。开花期不宜施肥浇水，水分剧烈变化容易引起落花落果。

③确定负载量。设施栽培条件下，每平方米有效架面留 4～5 穗果，667 米^{2}产量控制在 2000～2500 千克。

(4) 果实发育期管理

果实发育期，主要管理包括温度和湿度管理、新梢管理、果穗管理、植物生长调节剂应用、肥水管理、病虫害防治、果实采收与包装等。

①温度、湿度管理。在果实发育期，白天温度控制在 25～28℃，夜间温度控制在 16 ～18 ℃，不高于 20℃，不低于 3 ℃ 。果实着色期，白天温度控制在 28 ℃，夜间温度控制在 18℃以下，增加温差，有利于着色。

空气相对湿度控制在 50%～60%，控制病害的发生。

②新梢管理。及时处理副梢、卷须。在果实上色前剪除不必要的枝叶，对结果新梢基部的老叶，可打掉 3～4 片，促进果实上色和成熟。在果实开始着色时，在主蔓或结果枝基部环剥，可将养分截留在地上部，促进果实生长和着色。采收后的结果枝及时处理，改善光照条件，促进其他果实的成熟。

③果穗管理。坐果后，要进行果穗整理、疏果等项工作。

顺穗。顺穗是把搁置在铁丝上或枝叶上的果穗顺理在架下或架面上。结合新梢管理，把生长受到阻碍的果穗，如被卷须缠绕或卡在铁丝上的果穗，轻轻托起，进行理顺。一天中以下午进行为宜，因这时穗梗柔软，不易折断。

摇穗。在顺穗的同时，进行摇穗。将果穗轻轻晃几下，摇落干枯和受精不良的小粒。

拿穗。把果穗已经交叉的分枝拿开，使各分枝和果粒之间都有一定的顺序和空隙，这样有利于果粒的发育和膨大，也便于剪除病粒，喷药时使药物均匀地喷布到每个果粒上。拿穗在果粒发育到黄豆粒大小时进行。

疏果。有些品种要进行疏果，疏果就是去掉果穗上过多的果粒，促使剩余的果粒肥大，防止果粒过于紧密。疏果一般在花后15～20天，落花落果后，果粒如黄豆大小时，结合果穗整理同时进行。用疏果剪或镊子疏粒。主要对果穗中的小粒果、畸形果及过密的果进行疏除，也可根据商品果的要求，确定每穗的留粒数和距离。巨峰群品种一般每穗留12～16个分支，上半部分每一分枝留2～3粒，下半部分每一分枝留4～5粒，每穗保留50～60个果粒，每穗重量控制在0.5千克左右。

采收前果穗整理。果实生长后期、采收前还需补充一次果穗整理，主要是除去病粒、裂粒和伤粒。

④植物生长调节剂应用。巨峰品种在盛花末期，用赤霉素20～25毫克/升浸蘸果穗可以提高坐果率，再隔15天左右，用30毫克/升溶液浸蘸果穗，可增大果粒和果穗，并促进着色和成熟。乍娜、玫瑰香品种在花后10～15天用赤霉素100～200毫克/升浸蘸果穗，不仅提高坐果率，而且也促进浆果着色和成熟。对无核白鸡心葡萄品种，在花后5～10天，用赤霉素30～50毫克/升溶液浸蘸果穗，可使果粒、果穗增大2倍，并促进提早成熟。

一般在浆果成熟始期，用乙烯利100～500毫克/升溶液喷布，可促进浆果着色，提前7～10天成熟。但喷布乙烯利之后，果粒和果柄易产生离层而落粒。因此，要掌握好浓度，分期喷布，分期采收，以防造成损失。

⑤肥水管理。幼果膨大期，追一次氮磷钾比例为2∶1∶1的复合肥，每株50克左右。也可随灌水施发酵好的鸡粪水，每畦10千克左右。果实第二生长高峰追一次以磷钾为主的复合肥，每株30～50克。有条件的可追施草木灰500～1000克。进

入果实着色期后，要控制肥水，进入采收期后应停止灌水。

在果实发育期内，每 10～15 天喷 1 次叶面肥，前期喷 0.2%的尿素，后期喷 0.2%～0.3%的磷酸二氢钾。

⑥病虫害防治。在果实发育期危害果实的主要病害有白腐病、炭疽病等。可在坐果后 2 周左右喷一次 50%福美双可湿粉剂 500～700 倍液，以后每半个月喷 1 次杀菌剂，可用福美双和百菌清可湿粉剂 800 倍液交替使用。为了降低温室内湿度，也可用百菌清烟雾剂熏蒸，每 10 天左右熏蒸一次。

⑦果实采收与包装。葡萄的果穗成熟期并不一致，应分期分批采收。采收应在早晚温度低时进行。用疏果剪去掉青粒、小粒，然后根据果穗大小、果粒整齐度和着色等进行分级包装。

（5）果实采收后管理

葡萄促早栽培果实采收后不能放松管理，及时进行揭膜、枝蔓处理、新梢管理、肥水管理、病虫害防治，培养健壮的结果母枝，为来年优质丰产打好基础。

①揭膜。果实采收前后，即可将棚膜去掉，实行露天管理。

②枝蔓处理。枝蔓处理分不同情况进行。篱架在果实采收后及时将主蔓在距地面 30～50 厘米处回缩更新，促使潜伏芽萌发，培养新的主蔓，即来年的结果母枝。已经培养预备枝的则应回缩到预备枝处。这项工作最好在 6 月上旬完成，最迟不能超过 6 月下旬。也可实行压条更新。

棚架葡萄修剪如采用长梢修剪，同样将结过果的主蔓部分回缩到棚架的转弯处，新梢萌发后培养新的结果母枝。此前留有预备枝最好。

在设施中形成的结果枝可以作为来年结果母枝的品种，去膜后管理同露地栽培一样。

③新梢管理。主蔓回缩修剪后，大约 20 天左右萌发。对发出的新梢选留 1 个按露地栽培进行管理，副梢留一片叶摘心，及时除卷须，当长到 1.8 米左右时或在 8 月上、中旬主梢进行

摘心，促进枝条成熟。

④肥水管理。更新修剪后，每株施50克尿素或施复合肥100～150克，施肥后灌一次水。

在新梢生长过程中应进行叶面施肥，促进新梢生长健壮，保证花芽分化的需要。

9月上、中旬施基肥，每667米^{2}施有机肥5000千克，即1株5千克左右。

⑤病虫害防治。修剪更新后，生长前期喷布石灰半量式波尔多液200倍液，防治葡萄霜霉病，以后可喷等量式波尔多液，共喷2～3次，每次间隔10～15天。

在喷布波尔多液期间可间或喷布甲基托布津、代森锰锌、大生、杜邦易保等杀菌剂防治白腐病、炭疽病等病害。也可以在6月下旬至8月中下旬根据葡萄生长情况、气候条件，可喷3～4次90％乙磷铝700倍液，或甲基托布津1000倍液等防治白粉病、霜霉病等病害。

5. 葡萄利用晚熟品种延迟栽培关键技术有哪些？

葡萄延迟栽培与促早栽培不同点在于延迟栽培主要是推迟葡萄成熟进程。利用晚熟品种进行葡萄延迟栽培关键技术围绕两个方面实施，一是推迟物候期，使果实的成熟期尽量拖后。二是生长后期气温降到一定程度，利用设施进行保护，保证葡萄的品质和产量。温度是决定果树物候期进程的重要因素。在一定范围内，生长和果实成熟与温度呈正相关，低温抑制生长，延缓果实成熟；相反温度越高，生长越快，果实成熟越早；但超出某一范围，高温则会使果实发育期延长，也延缓果实成熟。所以，推迟物候期主要是控制温度。

（1）前期管理

前期管理主要是推迟葡萄萌芽、开花等物候期。这个阶段有的地方是露天管理，有的地方在设施内管理。

延缓葡萄生长过程还可选择温度较低、海拔较高的地方栽培，以延迟发芽、延迟开花。

设施内管理，可以人工创造低温，温室葡萄早春覆盖草苫遮荫，并且添加冰块或开启制冷设备降温，可显著延缓葡萄花期，花期延缓时间与温室保持低温时间长短有关。尤其是在东北地区，春天气候回暖的比较晚，可以考虑在遮盖草苫或保温被的温室里，在行间放置大量的冰块（可以在三九天里冻冰块，储存起来备用）。再如，山东大泽山地区连栋大棚泽香葡萄延迟栽培，春季首先要延迟见光时间，推迟升温，白天加盖草帘；其次，4 月下旬棚内日均温度高达 15℃左右，盖草帘子已经不能降低温度，抑制萌芽，因此要逐步见光升温，先卷起草帘的 1/5，7 天后卷起一半，10～15 天后全部卷起，使棚内温度保持在 20 ℃左右；4 月底 5 月初葡萄开始发芽至花期，保持棚内温度在 25℃左右。宁夏地区半冷式温棚葡萄延迟栽培，在 4～5 月，气温开始回升时，将蒲苫卷起 1.5 米左右，并将半冷式温棚两侧的塑料膜也卷起，有利于降低棚内温度，推迟葡萄萌发。

在果树栽培实践中，早春灌水或园地覆草可降低土壤温度，延缓根系生长，从而使果树开花延迟 5～8 天；同样，早春园地喷水或枝干涂白可降低树体温度和芽温，从而延缓果树开花；将盆栽果树置于冷凉处或将树体覆盖遮阴，延缓温度升高，也能达到延迟开花的目的。

（2）生长期管理

在葡萄生长期间，尤其是 7～8 月份，将蒲苫和塑料膜卷起至棚顶，然后在棚顶铺设遮阳网，降低棚内温度和光照强度，使葡萄生长发育期不断延后。遮阳网需根据具体情况间隔使用，防止葡萄受光不足。

果实套袋是延迟栽培中必须采用的一项技术措施，在高海拔地区它不仅能延迟果实的成熟，而且能防止高原地区紫外线过强，使果实上色过深，这对于一些鲜红色品种，如红地球等就更为重要。果实套袋前喷1次800倍液甲基托布津，药干后进行套袋。

近年来，有一些地区采用喷布生长延缓剂抑制果实成熟，以达到推迟成熟的目的，较好的生长延缓剂是2-苯并唑噻氧基乙酸（ATOA），在幼果果实生长期到果实开始成熟这一阶段，在果穗上喷布1～2次10～15毫克/千克浓度药液，能明显延迟红地球果实的成熟，但应注意的是，药液浓度不能高于20毫克/千克，否则会产生药害，另外葡萄叶片对该药较为敏感，喷药时注意不要将药液喷布到叶片上。

葡萄上色后，喷布50～100毫克/升的萘乙酸和1～2毫克/升的赤霉素混合溶液也能明显延迟葡萄的成熟过程，并防止成熟后的果粒脱落。

（3）后期管理

延迟栽培扣棚盖膜时间在当地早霜降临之前，秋后适当提早扣棚盖膜有利于防止突然性降温和寒潮对叶片和果实造成的影响。在红地球葡萄延迟栽培中，棚膜选择抗低温、防老化的聚乙烯紫光膜或蓝光膜，效果较好。为增强保温，在外界气温降到－1℃时，晚间设施上应加盖无纺布或草帘。在果实挂树的阶段，温室或大棚内白天温度不应低于20℃，晚间不能低于5℃。

冬季11月中旬以后果实已完全成熟，只是果实挂在树上，相当于树上贮藏，最高温可适当降低，控制在10～15℃之间，但最低温仍然需保持在3℃以上。空气湿度50％～60％左右。树上贮藏阶段，要将地膜盖严，控制湿度，严禁灌水，如特别干旱时将地膜揭开灌小水，然后立刻覆膜。有条件的安装膜下滴灌最好。对基部枯黄的老叶可随时摘掉，只保留梢尖的绿叶。梢尖自然生长，不用修剪。

延迟栽培采收时间不能过分推迟，在目前栽培条件下，大棚延迟栽培的采收时间在11月上中旬，而温室延迟栽培采收时间在元旦至春节之间。过分推迟采收期不但增大了防寒保温成

本，而且果穗挂树时间过长，对树体恢复和第2年生长结果都会有不良的影响。

(4) 采后管理

延迟栽培采收结束后，温室、大棚内要保持15天左右相对较为温暖的时间，促进枝叶养分充分回流，然后再进行修剪和施肥。若植株要进行埋土防寒，则可在修剪埋土后再揭去覆盖的薄膜，并将薄膜清洁整理后放置在室内保存，以备第2年再用。在一些地区常采用冬季温室不揭膜，葡萄在设施中越冬，在植株上只进行简单的薄膜覆盖和简易埋土防寒，这时即可在修剪后及早施肥和进行冬灌。

(5) 其他配套技术

利用晚熟品种进行葡萄延迟栽培，除了推迟物候期外，其他管理措施和露天栽培基本一样，因为延迟栽培效益高，管理上要求更加精细，重点抓好以下几个方面。

①疏花疏果。疏花序。疏除多余的花序，并通过疏掉过多的小穗、侧穗和控制花序的大小来进一步调整产量。疏花序的时间是在新梢上能明显分辨出花序的多少、大小的时候尽早疏除。如泽香葡萄坐果率高，在果穗多的情况下，于花前10天至始花期，要适当多疏除部分花序，花序留量667米^{2}约为3000～4500个。弱树宜早，旺树宜晚，过旺树坐果后再疏，以削弱长势。花前花序留量可适当高出10%～20%，坐果后再做调整，去掉穗型不好、过密的果穗。每个结果枝留1个花序，按叶果比确定，单穗质量500克以上的要求叶果穗比25～40：1，250克以上的果穗叶果比20～30：1；也可根据新梢的粗度确定留量，直径1厘米的粗壮新梢可留2穗，直径在0.7厘米左右的留1穗，细弱的新梢不留。

整花序。通过花序整形提高坐果率，使果穗紧凑、穗形美观，提高浆果的外观品质。在花前1周进行掐穗尖和花序整形，剪去每个花序穗轴基部 1～2 个大的分枝，并剪去花序总长约 1/4～1/5 的穗尖。

疏果。大粒品种如红地球，如不及时疏果，会出现果粒大小不均匀或果粒偏小，且果与果之间会在生长的过程中相互挤压，不利于通风透光，中间部分会出现较多的青果和劣果，严重影响果实品质。所以还需在疏花的基础上进行 1 次疏果。疏果在花后果粒黄豆大小时进行，疏去小粒果、畸形果、病虫果以及比较密挤的果粒，一般每穗留果粒 60～80 粒。使果与果之间距离保持均匀，果粒大小一致。泽香葡萄按照留大不留小的原则，每穗留 80～150 粒左右。

在设施葡萄延迟成熟栽培的实践中发现，红地球葡萄单位面积产量和果实品质有相关性，产量偏低而品质好；产量过高而品质下降。而且，负载量过大的葡萄园或单株，容易导致翌年春天植株黄化，发生大小年结果现象，果品质量下降，抗性减弱，引发病害大量发生。因此，控制产量，保证质量，解决产量和品质的矛盾，是一项重要任务。

②膨大剂应用。试验证明，果粒膨大剂以美国华仑生物科学公司生产的奇宝较好，它是一种无公害有机绿色 AA 级产品。红地球使用奇宝，浓度为 20000 倍、10000 倍分别在葡萄果粒 5 毫米左右（黄豆大小时）和 12 毫米左右（蚕豆粒大小时）蘸湿果穗，增大果粒效果好。

用奇宝 1 克加水 40 千克，在花序分离期浸蘸果穗，就可拉长花序，保证果穗松散。

红地球等品种，在花序分离期（开花前 7～10 天）用浓度为 5 毫克/千克的赤霉素溶液浸蘸果穗，拉长花序，保证果穗松散。

目前使用膨大剂还有上海农科院植保所红提葡萄膨大素，效果较好。

③肥水管理。以泽香葡萄为例，萌芽前施催芽肥，施尿素

667 米^{2}20 千克；花序出现到开花前灌水 3～4 次，结合灌水叶面喷施硼砂，以促进授粉；进入幼果膨大期追施催花肥，667 米^{2}20 千克二铵，灌水；硬核期追施三元复合肥 667 米^{2}25 千克，灌水；果实采收前，叶面喷施 0.3%的磷酸二氢钾 3～4 次，以促进果实和新梢成熟。葡萄成熟前 20～30 天，全园进行控水。葡萄采收后，在行间隔年交替挖沟深施有机肥 667 米^{2}3000 千克并施加过磷酸钙做基肥。根据来年的目标产量，每生产 1 千克葡萄施土杂肥 2 千克左右，并灌透封冻水。

④保叶与摘叶。在延迟栽培过程中，葡萄叶片的衰老限制了其光合作用及营养的积累，从而影响果实的品质及挂果时间。在葡萄生长后期喷施保叶剂有延缓叶片衰老的作用。谭瑶等研究表明，在葡萄延迟栽培措施中，对树体喷施赤霉素 150 毫克/升 处理，能够有效控制叶绿素和蛋白质的降解，延缓叶片衰老的时间，使其更好地进行光合作用，并且能够抑制 POD 活性的上升和 MDA 的积累，对于后熟的果实在养分、糖度和酸度的变化上有一定意义。

采收前，摘除部分果穗附近的老化叶片，改善果穗的通风透光条件，促进果粒增糖，减少病害，提高浆果质量。

⑤病虫害防治。延迟栽培葡萄植株生长期相对延长，尤其是后期扣棚覆膜后，棚内温湿度均较高，易发生病虫害，因此一定要重视后期病虫害的防治，保证果品有良好的商品品质和安全性。

病虫害防治策略上，要以预防为主，根据病虫害的种类进行针对性的预防与治疗。以红地球为例，于休眠后、萌芽前各喷施 1 次 45%的石硫合剂结晶 30～40 倍液，消除越冬病菌和螨类虫害；6 月下旬每隔 20～30 天喷施 30%碱式硫酸铜 750 倍液 3 次，预防白粉病、霜霉病等病害的发生。生长期间，如有病害发生，白粉病用 800～1000 倍液的腈菌唑或甲基托布津进行防治，霜霉病用 600～800 倍液的甲霜灵或乙磷铝进行防治，白粉虱、蚜虫用2000倍液的吡虫啉进行防治，红蜘蛛用2000倍液的杀螨净或螨歼进行防治。扣棚前喷施1次45%的石硫合剂结晶600倍液预防病虫害。

泽香葡萄休眠期剪除病虫枝、清除枯枝落叶、刮除树干翘裂皮；4月上中旬发芽前喷3～5波美度石硫合剂等消除越冬病原。花前喷400～500倍30%多菌灵（或600倍喷克）+3000倍吡虫啉+0.3%硼砂。花后喷1∶0.5～0.7∶200倍波尔多液或600倍科博+3000倍吡虫啉。套袋前喷70%甲基托布津800倍液或80%喷克800倍液防治灰霉病。套袋后喷1∶0.5∶200倍波尔多液+灭扫利2000～3000倍或800倍杀菌优（或喷克、大生M-45）+齐螨素（类）+叶面肥。霜霉病为害严重的葡萄园喷甲霜灵+代森猛锌溶液进行防治；白腐病严重的葡萄园喷70%甲托600倍液；炭疽病严重的葡萄园喷退菌特500倍液+50%多菌灵600倍液+0.2%～0.3%磷酸二氢钾溶液；病害较轻的葡萄园，可喷1∶0.5～1∶200倍波尔多液预防病害。采收后喷1∶1～2∶200倍波尔多液。

6. 葡萄利用二次果延迟栽培关键技术有哪些?

葡萄利用二次果延迟栽培，主要是促进冬芽提前萌发，并且结果良好；生长后期气温降到一定程度时，利用设施进行保护，保证葡萄的品质和产量。

(1) 催芽结二次果

葡萄利用二次果延迟栽培，新梢的管理、摘心时间和节位等对冬芽和夏芽中花序分化程度有直接影响。而催芽时间的确定是延迟栽培成功与否的关键。当地的气候条件、二次果的成熟时间、二茬果的催芽时间是相辅相成的，根据当地的气候条件，确定二次果的成熟时间之后，根据品种的总生长日数做逆行推算，所算得的日期即为二茬果的催芽时期。据辽宁省果树科学研究所赵海亮等观察，辽宁熊岳地区延迟栽培巨峰葡萄从

萌芽到浆果成熟持续约 153 天；从萌芽到始花枝叶迅速生长，花期持续 8 天，浆果生长期需要约 100 天；比露地栽培花期延迟 85 天左右，成熟期延迟 110 天。

辽宁省果树科学研究所经过多年巨峰葡萄延迟栽培试验表明，根据年份之间的气候变化，在 7 月 10 日至 8 月 10 日之间进行催芽，促使冬芽萌发，果实成熟期延迟到春节前。山东省青岛市玫瑰香、峰后、巨峰、达米娜等品种，在日光温室进行秋季延迟栽培，7 月初将副梢全部剪除，刺激冬芽萌生结果枝。山东省莱西市果树站吕智敏等试验，6 月 30 日和 7 月 5 日进行夏剪催芽，每个芽成穗数较多，每个果穗果粒较多，果粒大，产量高，可溶性固形物含量高，品质佳，基本达到了元旦成熟上市的目的；6 月 15 日修剪，虽然每芽成穗数多，果粒大，果实发育良好，但其成熟期为 11 月 10 日，熟期太早；7 月 15 日修剪，每芽成穗数少，葡萄粒重和内在品质不理想。

根据经验，巨峰葡萄冬芽二次果的最佳催芽的状态是：芽鳞片稍变黄，鳞片边缘淡褐色时，枝条为半木质化状态，促发冬芽结果。选绿枝饱满芽部位进行短截，萌芽率高，成穗数多；木质化高部位短截，萌芽率最低；绿枝上部普通芽部位短截，成穗数最少，每果穗葡萄粒数最少，葡萄果粒小。

（2）扣棚保护

葡萄延迟栽培，秋季设施保护前，一般是露天管理。据试验，巨峰葡萄日光温室延迟栽培，山东莱西地区比较合适的扣棚时间为 10 月 10 日前后，10 月 1 日扣棚，叶片脱落率居中，为 43.5%，平均株产 1.71 千克；10 月 10 日扣棚，叶片脱落率最低，为 21.2%，平均株产最高，平均株产 2.9 千克；10 月 20 日扣棚，叶片脱落率最高，为 75.4%，平均株产最低，为 0.8 千克。

如果生长期内覆盖了塑料薄膜一般不要撤掉，夏季加防虫网，打开顶风口、开大底风口通风降温，室内温度可比室外约低2℃，且能防雨，减少病虫害发生。为防止夏季地膜覆盖导致地表温度过高，可在地膜上撒一层薄土，既可防止杂草生长又能降低地表温度。10月1日前后，气温下降，要注意提高白天温度，增大昼夜温差，促进幼果膨大。一般白天温度应维持在30～35℃，夜晚适当开启风口，使温度维持在10～15℃。湿度主要依靠通风换气和覆盖地膜调控。萌芽前后至开花前，空气相对湿度应保持在80%以下，花期湿度维持在60%～65%，其余时期控制在70%左右。

(3) 采收后管理

葡萄采收后要逐渐降温，先撤除部分草苫，将夜间温度降至5℃左右，昼温降至15℃左右。5～10天后，撤去全部草苫，使夜温降至0～5℃，白天加大风口，将昼温降至10℃左右，促使葡萄落叶，进入休眠期。葡萄全部落叶后可撤除棚膜，使葡萄在低温条件下度过休眠期。全部落叶后20天进行修剪。

(4) 其他配套技术

葡萄利用二次果延迟栽培配套技术，除了结二次果以及推迟物候期外，其他管理措施和晚熟品种延迟栽培与露天栽培基本一样。现以山东省青岛市日光温室玫瑰香、峰后、巨峰、达米娜等品种利用二次果延迟栽培为例说明。

①栽植。在温室内定植1年生健壮葡萄扦插苗，株距0.4米，窄行距1.0米，宽行距2.0米。定植前挖深0.8米、宽1.2米的南北向定植沟，结合填土每667米^{2}施用优质有机肥10000千克、硫酸钾50千克、过磷酸钙100千克。

②整形修剪。葡萄发芽后，每株选留两个壮芽，萌生两个新梢做主蔓，其余芽抹除。新梢于5月下旬摘心，副梢长出后，对第1、2副梢留4叶摘心，对第三、四副梢留两叶摘心，其余副梢抹除。留下的副梢，通过绑缚使其水平生长，以削弱顶端优势，促进花芽分化。对二次副梢，只在先前留4片叶的副梢

上保留先端1个，留4叶摘心，其余二次副梢全部抹除。7月初将副梢全部剪除，刺激冬芽萌生二次枝。主蔓保留先端两个生长健壮带有花序二次枝，其余二次枝全部疏除。开花前2～3天结果枝摘心，摘心后保留先端两个副梢，副梢留4叶摘心，其余的副梢抹除。对以后发生的副梢，只留先端1个，留4叶摘心。

③花果管理。开花前4天喷0.2%硼砂溶液，提高坐果率；盛花后20天左右疏果穗，壮旺枝留两穗，中庸枝留1穗，摘除副穗，掐去穗尖，及时绑缚，使结果枝固定上架。落花后20天左右，及时疏除小果、畸形果和密挤果。

④土肥水管理。栽后全面覆盖地膜。主蔓长出4～8叶时，结合浇水，开沟株施碳酸氢铵40～50克。7月初结合浇水每株葡萄穴施普利复合微生物肥料50～80克＋碳酸氢铵20克，刺激冬芽萌发结果枝。落花后果粒长至豆粒大时，株施普利复合微生物肥料100～150克。浇水可视墒情灵活掌握，施肥后浇水，果实硬核期后避免大水漫灌，以防裂果。此外，主蔓出现6叶后，每隔7～10天根外喷施1次0.7%的红糖＋0.3%的磷酸二氢钾＋0.3%的尿素和0.1%的光合微肥（或稀土微肥），连喷3～4次，促进花芽分化。二次枝长出后，每7～10天喷1次600倍天达2116＋0.3%的磷酸二氢钾＋0.7%的红糖溶液。落花后，每7天左右喷1次0.5%的磷酸二氢钾＋1%的红糖溶液，直至采收前10天。

葡萄谢花后，在温室内采用硫酸-碳酸氢铵反应法增施二氧化碳气肥。方法是，晴天早晨揭苫后半小时，用碳酸氢铵300克左右徐徐加入硫酸中，生成二氧化碳，提高空气中的二氧化碳浓度，促进光合作用，提高产量、改善品质。也可通过释放固体二氧化碳气肥及通风换气等方法，增加温室内二氧化碳浓度。

⑤铺设反光膜。10月中旬在温室后墙与行间地下铺设反光膜，改善葡萄植株中下部的光照条件，提高果实含糖量，改善

品质。

⑥病虫害防治。落叶后清扫落叶、残枝和病果，集中烧毁或深埋。冬芽开始萌动尚未吐绿时，用5波美度石硫合剂+100倍五氯酚钠液，细致喷洒葡萄枝蔓与地面，铲除越冬病菌。生长期用百菌清、甲基托布津、多霉清、波尔多液、大生M-45等交替使用，防治葡萄霜霉病、炭疽病、黑痘病、白腐病等；用氯氰菊酯、阿维菌素等防治蚜虫、小绿叶蝉、绿盲蝽和蓟马等害虫。

⑦越冬后第2年管理。4月初，清除埋土，并进行整地，把葡萄行培成15～20厘米高、50厘米宽的龟背形土垄，使每条葡萄枝蔓露出土外2～4个芽，然后浇水。葡萄发芽后，每株留两个壮芽，其余抹除。以后管理方法同上年。

7. 葡萄促早兼延迟栽培关键技术有哪些?

葡萄促早兼延迟栽培一年两收，或一年多收目前进行的不多，下面介绍北京市延庆县胡枫等在日光温室中，对巨峰、奥古斯特、红双味、爱神玫瑰、香妃等品种进行一年两收试验的情况。

(1) 栽植

栽植营养袋苗或催根插条。先催根后栽植的方法是，2月中旬插条用30毫克/升萘乙酸处理，处理后迅速插进3.5厘米×6.0厘米的上大下小的轻便基质袋中，摆放在温床上，进行催根，约15天生根发芽。1个月后的3月中旬将催出根的插条定植。温室长80米，宽7.5米，每栋温室栽植80株，靠南侧单行栽植。在温室南侧挖定植沟，定植沟宽1米，深1米，回填20厘米秸秆，每栋温室施牛粪20米^3，与沟土掺匀后回填至地表，沟内灌水，3天后用沟外表土做成1.2米宽、高于地面20厘米的畦，将催出根的插条按1米株距栽植，栽后浇水覆膜。靠南侧栽植1行，则采用小棚架；也可以在棚中间栽植，采用T形架等。

(2) 栽植当年管理

萌芽后每周用鸡粪水浇灌，适当浇水，保持畦内土壤水分。

当苗长到1.5米以上时摘心控制徒长，对副梢留2叶连续摘心，促进幼树增粗。最迟5月底将棚膜揭开，以促花促果。据12月18日调查：葡萄植株生长量平均达到5.5米，基部粗2.2厘米，最短的枝条也可达到3.0米以上，12月仍然是枝壮叶绿。个别植株还有少量结果。从日光温室幼树生长量来看：栽植时间越早，生长时间就越长，生长量就越大，这与露地栽植有很大不同。当然品种之间也有区别，秋黑、红地球、奥古斯特生长势较强，红双味和普列文玫瑰长势较弱。

(3) 冬季修剪、涂石灰氮

采用水平棚架龙干形整枝长梢修剪。12月对温室内满是绿叶的葡萄进行长梢带叶修剪，相当于冬季修剪，剪口粗度为1.0厘米，剪留长度最长不超过棚面的4/5。

在日光温室促成栽培情况下，因早春低温，新梢基部花芽少，实施独龙干短梢修剪时，果枝少，基部易出现光秃。为此，提出在龙干形棚架上进行长梢修剪。选枝梢均长而健壮的，只要有空间长度不限，利用枝条上部萌发出的健壮新梢和充实饱满的冬芽开花结果，穗大果大。冬季修剪时将结过1～2次果的枝条去掉，选留发育健壮的长而粗壮的营养枝或结果枝留为来年的长梢结果母枝，将其均匀布满架面，间距为1.0～1.2米。同时注意在基部选留预备枝，如不及时更新则会出现基部结果少，结果外移现象（表6-1）。

表6-1　葡萄长梢不同部位果穗分布（%）

（胡　枫等）

品种	基部	中部	上部
红双味	1.6	9.0	30.2
奥古斯特	7.0	7.7	17.0
巨峰	6.3	9.7	14.7
红地球	9.3	8.0	13.7

修剪后，及时在冬芽上涂抹20%的石灰氮。若白天温度达到15～20℃以上，晚上最低温度不低于12℃，20天后即可萌芽。如果温室内温度较低或长时间低温的年份，则萌芽时间就会延长。不同年份、不同品种由于气温不同，萌芽时间大有不同（表6-2）。

表6-2　涂抹石灰氮后葡萄不同品种冬芽眼萌发时间

（胡　枫等）

品种	年份	抹石灰氮时间（月．日）	萌芽时间（月．日）	天数
巨峰	2008	12.20	1.10	21
	2009	12.30	3.25	55
奥古斯特	2008	12.15	2.3	18
	2009	12.30	2.25	55
红地球	2008	12.25	2.18	28
	2009	12.30	2.18	58

（4）搭建小拱棚

促早栽培在涂抹石灰氮15天后，及时增设双层小拱棚，以增加地温。延迟栽培9月下旬要及时增设双层小拱棚，增加地温。

搭建小拱棚时，首先在种植沟上覆盖薄膜，然后在薄膜上边用竹竿搭建第一层小拱棚，高为30～40厘米，宽70厘米；最后在第一层小拱棚上搭建第二层小拱棚，高为70厘米，宽100～120厘米。薄膜用聚氯乙烯。

（5）新梢、花果管理

对巨峰等长势旺的品种，为控制枝条生长势提高坐果率，在花前将所有果穗都留下。花前及时将结果新梢果穗以上保留4～6片叶摘心，营养枝保留8～10片叶摘心，可将副梢去掉不留叶；相对较弱的枝也可保留1～2片副梢叶摘心。花后及时将

所有新梢水平绑缚，对旺枝及徒长枝在基部轻轻扭梢造成轻微伤害，然后再绑梢，也可不绑梢使其向下垂梢，减弱生长势。花后按产量667米^{2}800千克留穗。及时疏除副穗、掐穗尖。奥古斯特在幼果期极易出现大小粒现象，应及时疏除小粒，促使果粒膨大而整齐。

(6) 揭膜与覆膜

进入5月中下旬后及时揭开棚膜以接收直射光，增加光照强度，促进成花及果实发育，减轻枝果徒长。要求最迟6月底之前必须揭开棚膜，增加光照，促进冬芽形成花序原基。

二次果采收后，进行带叶修剪，随后立即扣棚降温，10～15天后可揭棚加温。也可将枝蔓放下来，设置小拱棚，即可保持夜间温度，又可提高白天小拱棚内温度，这样升温快，保湿效果好，萌芽早且整齐。

(7) 促二次结果

①促发冬芽二次枝结果。第1次果采摘后于8月上中旬将所有叶片打掉，对枝条剪留3～5节。立即扣棚降温，10～15天后可揭棚加温，立即涂抹石灰氮，除基部芽和剪口芽外，其他芽均涂抹石灰氮20%。20天左右冬芽萌发。在巨峰品种上宜采用此方法促进冬芽萌发，实现二次延迟结果。

②利用夏芽副梢结果。8月上旬，对巨峰、奥古斯特、红双味等品种副梢留2片叶连续进行摘心，直到刺激出花序为止，以此实现二次延迟结果。利用一些品种，如奥古斯特刺激夏芽副梢易多次结果的特性，使其边结果边对副梢留两片叶重摘心，促其夏芽萌发结果。

(8) 肥水管理

坚持有机化栽培，基本不施化肥，使土壤有机质含量大于3%。定植当年每栋温室施入优质有机肥（鸡粪∶牛粪∶秸秆=2∶1∶1，充分腐熟）40米^3，同时加入磷矿粉200千克；第二年（第一茬果采摘完后）扩沟施入有机肥 20 米³，以后每年扩沟施有机肥 20 米³。葡萄生长期随着灌水加入少量鸡粪水即可，不施用化肥。

葡萄生长期进行叶面喷肥，如用尿素、磷酸二氢钾、氨基酸等进行叶面喷肥，增强葡萄叶光合作用，促进花芽分化，使果实成熟期提前，改善果实品质。

(9) 温度、湿度管理

二次果采收后，进行带叶修剪，随后立即扣棚降温，10～15 天后揭棚加温，立即涂抹石灰氮，白天室温保持 15～20℃之间，夜间保持 12℃以上。花前白天室温 25～28℃，夜间 15～18℃。花期白天室温 20～25℃，夜间 15～18℃。花后白天室温 26～28℃，夜间 16～18℃。幼果期白天室温 25～28℃，夜间 15～20℃。果实着色期白天室温 25～28℃，夜间 10～15℃。

空气湿度催芽期要求 90%以上，土壤湿度要求 70%～80%。新梢生长期空气湿度 60%以上，土壤湿度 75%～80%。花期空气湿度 60%～70%左右，土壤湿度 65%～75%。浆果发育期空气湿度 60%～70%，土壤湿度 70%～80%。着色成熟期相对湿度 50%～60%，土壤湿度 55%～65%。

(10) 病虫害防治

常见病害有霜霉病、灰霉病、白腐病、黑痘病等。萌芽前喷 1 次 5 波美度石硫合剂，花前喷 1～2 次多菌灵防穗轴褐腐病，花后每隔 10～15 天喷等量式波尔多液即可防治霜霉病，在果实成熟前 30 天，如有果实病害可喷布百菌清防治白腐病、灰霉病等。

(11) 物候期

为了进行葡萄促早兼延迟栽培一年两收试验时有所参考，列出实施以上技术葡萄品种的物候期见表 6-3。

表 6-3 日光温室一年两收葡萄物候期（月．日）

（胡 枫等）

品种	季别	萌芽	展叶	初花	盛花	终花	果实着色	新梢成熟	果实成熟
巨峰	1	1.10	1.18	2.3	2.10	2.13	4.20	5.15	5.2
	2	8.8	8.15	9.6	9.9	9.11	11.7	11.15	12.25
红双味	1	1.20	1.26	2.10	2.12	2.14	4.15	5.10	5.15
	2	-	8.22	8.31	9.2	9.5	10.31	11.8	11.20
奥古斯特	1	2.3	2.25	3.17	3.19	3.21	4.23 变黄	5.15	6.3
	2	-	8.29	9.4	9.6	9.9	10.15 变黄	11.27	12.15
红地球	1	2.18	3.5	3.10	3.12	3.15	6.15	7.10	7.10

8. 葡萄避雨栽培的关键技术有哪些？

（1）覆膜和揭膜

避雨栽培的设施是避雨棚，避雨棚用聚乙烯膜、聚氯乙烯膜和醋乙烯膜均可，但以长寿、无滴、抗老化和透光性好的醋乙烯膜与聚氯乙烯膜最佳。窄棚的棚膜厚度以 0.03 毫米为宜，宽棚棚膜厚度以 0.05 毫米为好。宜选用白色膜，以利透光。

覆膜和揭膜时间，在春雨多、黑痘病和灰霉病多发的地区，应在葡萄开始萌动时覆膜。在旱、雨季分明的地方，应在雨季来临前覆膜。一般在果实采收后揭膜，但在霜霉病重发区，采果后应继续覆膜一段时间，但不能过长。覆膜期间，看准天气不下雨时，应把棚膜卷起，使其多接受阳光照射并散去闷热，以增强光合作用，增加营养积累，增进果实着色，提高品质；但下雨前一定要覆膜还原。

（2）石灰氮涂芽

多数葡萄品种，冬季都需要 7.2℃以下低温 800～1 200 小时，有的甚至要 1 500 小时以上才能打破自然休眠。南方多数葡萄种植区都因冬季的低温时数不足而导致发芽抽梢不整齐，花的质量差，影响坐果和果实发育。经各地生产运用证明，在萌芽前 20～35 天，用石灰氮（氢胺基化钙）5～6 倍液涂冬芽，能显著地促进葡萄解除休眠，从而避免前述现象。具体做法：按比例把石灰氮倒入 50～60℃温水桶中，盖严浸泡两小时，溶化后搅拌均匀，用毛笔或粉刷蘸液涂抹在冬芽上即可。

（3）覆盖地膜

春季葡萄萌发前，于葡萄树盘间铺设黑色地膜，提高地温，促进萌发整齐；防止地面越冬的病菌随雨水喷溅到果实；抑制杂草丛生。

（4）水分管理

不论采用什么类型的防雨棚，棚脚都要修好排水沟，以便及时排除积水。4～6 月南方雨量大，注意及时清沟排水。

在南方多雨地区，露地栽培一般不需要灌溉，而采用大棚避雨栽培，由于阻隔了雨水，土壤易干旱，因此在幼果膨大期及第二次果实膨大期，需要及时灌水以促进果实膨大。灌溉一般采用滴灌。主管（采用聚乙烯硬塑管，简称 PVC 管）、支管（直径为 2 厘米的塑钢管）通往全园，滴管（黑色塑料管，管壁上有若干小孔，滴水用）直达每行葡萄，滴管上覆地膜。当葡萄行长度超过 60 米时，PVC 管则需安装在葡萄行中间往两头分，使每行的压力与灌水量均匀。在葡萄需水的关键时期进行灌溉时，打开阀门，两头可同时滴灌。

（5）套袋

套袋能有效地防止或减少黑痘病、白腐病、炭疽病和日灼病的感染和危害，并能有效地防止或减轻各种害虫，如蜂、蝇、蚊、粉蚧、蓟马、金龟子、吸果夜蛾和鸟等危害果穗，还能有效地避免或减轻果实受农药污染和残毒积累，使果皮光洁细嫩，

果粉浓厚，提高果色鲜艳度。5 月份当葡萄幼果长到大豆粒大小时，坐果稳定、整穗及疏果结束后，全园喷施一次杀菌剂（重点对果穗），选用适合葡萄各品种的专用木浆纸果实袋进行套袋。巨峰系列品种可带袋采收，因在袋内着色很好，已经接近最佳商品色泽，则不必摘袋，否则会使紫色加深，着色过度，影响商品性。红色品种（粉红亚都蜜等）可在采收之前 10 天左右摘袋，以增加果实受光，促使着色良好。摘袋并非一次性摘除，而是先把袋底打开，使果袋在果穗上部戴一个帽子，以防鸟害与日灼，摘袋时间，阴天可全天进行，晴天宜在上午 10 时以前或下午 4 时以后，使果实能适应周围环境。

(6) 病虫害防治

病虫害要以防为主，综合防治。药剂防治方面以山东烟台地区采用红地球避雨栽培为例，全年共施 7～8 次药。葡萄出土上架至芽变绿前，葡萄园地面树体喷洒铜制剂或硫制剂，如 5 波美度石硫合剂和五氯酚钠，杀灭越冬菌源和虫源；4 月下旬至 5 月底（3～4 叶期），喷洒多菌灵悬乳剂 1 500 倍或 60％百泰可分散粒剂 500 倍防治黑痘病、穗轴褐枯病、白粉病；喷洒 20％吡虫啉、蚧克净，防治绿盲蝽、蚜虫、介壳虫；6 月上旬（新梢速长期），喷洒 60％百泰可分散粒剂 500 倍、扑海因 500 克/升悬浮剂（异菌脲）1 000 倍液，防治白腐病、灰霉病；40％毒死蜱乳油 1 500 倍、氯氰菊酯防治绿盲蝽、康氏粉蚧若虫、葡萄斑叶蝉；6 月中下旬（浆果膨大期前），喷洒 50％叶霉灵可湿性粉剂 2 500 倍、60％百泰可分散粒剂 500 倍、扑海因 500 克/升悬浮剂（异菌脲）1000 倍液，防治白腐病、灰霉病和炭疽病；30％蚜虱净、40％毒死蜱乳油 1500 倍，防治蚜虫、白粉虱、康氏粉蚧；7 月份（封穗期），喷洒 50％叶霉灵可湿性粉剂 2 500 倍、10％苯醚甲环唑水分散粒剂 1 500 倍液、大生 M-45，防治灰霉病、白腐病和霜霉病；2.5％天王星乳油 3000 倍或 10％天王星乳油 6 000 倍，防治白粉虱、斑叶蝉；8 月份（果实成熟期），喷洒40％杜邦福星乳油8 000～10 000倍液、多菌灵悬乳剂1 500倍，防治白腐病、黑痘病、灰霉病；9月上中旬（果实成熟期），喷洒66.4％霉多克可湿性粉剂800倍、40％杜邦福星乳油8 000～10 000倍液、60％百泰可分散粒剂500倍，防治白腐病、灰霉病与炭疽病；10月（采收期后），喷洒必备800倍药液或者波尔多液1∶0.7∶200，主要保护好叶片，防治霜霉病和褐斑病，促进枝条成熟。

9. 葡萄促早避雨一年两熟栽培关键技术有哪些？

葡萄促早避雨一年两熟栽培，是避雨栽培、促早栽培和一年两次结果技术在我国南方有机结合的栽培模式。关键技术以福建省福安市施金全等介绍的巨峰葡萄促早避雨一年两熟栽培技术为例加以说明。

（1）一次果树体管理

①冬季修剪。冬季修剪在1月中旬进行，每667米^{2}留结果母枝3000条、留芽8000个左右，每条结果母枝留2～3个芽。以留2～3芽短梢修剪为主，采用单枝、双枝更新。

②上架。修剪后及时把枝条按树形要求均匀地绑缚在架面上。

③破眠剂涂芽。剪后立即用破眠剂（50％单氰胺18倍液或石灰氮6倍液）涂芽，进行催芽处理。

④抹芽定梢。2月中下旬开始萌芽，3月中下旬新梢5～6叶时，进行抹芽定梢。抹芽进行3次，保留早芽、饱满芽、主芽，抹去晚芽、副芽、位置不当芽、过多芽、密芽、弱芽，若复芽中多芽萌发留1个饱满芽。梢长10～20厘米现蕾时进行定梢，每666.7米^{2}留有花序的新梢3500条，以保证通风透光。

⑤引缚、除卷须、摘老叶。当新梢长到30～50厘米时，将新梢引缚到架面，新梢间距20厘米。新梢上的卷须要及时摘除，以便于管理和节省营养。上色初期可摘除部分老叶、黄叶，改

善通风透光条件。

⑥摘心与副梢处理。结果枝在花序上留 5～7 叶摘心，视新梢强弱定叶数，顶端留 1～2 个副梢，3～5 叶反复摘心，果穗下副梢去掉。

⑦定产和花序处理、疏果。目标产量每 666.7 米^{2}在 1250 千克左右，每 666.7 米^{2}目标商品果穗 3300 穗，平均每穗 35～40 粒，粒重 10 克以上，每穗 350 克左右，果实可溶性固形物含量 17%以上。4 月上中旬花前 1 周疏花序，根据控产目标留花序，每 666.7 米^{2}留 3700 个，每个结果枝留 1 穗，去除副穗和 1～3 个大分枝穗，大的花序掐去 1/5 序尖等。生理落果后进行定穗、整穗后疏果粒。疏除过小果穗，疏去无核小果、畸形果、病虫果和过密果，每穗留果 35～40 粒。

⑧套袋。果穗整理和疏粒后立即套袋。套袋前喷洒保护性或治疗性杀菌剂，果袋采用葡萄专用袋。

⑨采收。当果穗中 90%以上的果粒完全成熟，即果面颜色转为紫黑色时表明果穗已成熟即可采收。6 月下旬至 7 月上旬收获一次果。

（2）二次果树体管理

生产二次果，修剪在 8 月中旬末进行，用一次果的结果枝作结果母枝，每 666.7 米^{2}留结果母枝 3500 条，每条结果母枝留 5～6 个芽截剪，并摘除全部叶片，剪口第一个芽涂破眠剂（朵美兹 20 倍液或石灰氮 6 倍液）催芽。8 月 20 日修剪涂药液后 5～8 天萌芽（8 月 25～28 日）。9 月中旬定梢，定梢时每条结果母枝留一条结果枝。萌芽后 19 天左右开花（9 月 15～18 日），开花期 3 天。开花前 1 周，处理花序，每条结果枝留一个花序结果，10～11 个叶片时摘心。疏果，整果穗，套袋，12 月上中旬收获二次果。开花到始熟 61 天左右（11 月 15～20 日）。

（3）覆膜与温度管理

大棚 1 月中旬覆盖棚膜进行促早栽培，盖膜后至萌芽前，以保温提高棚内温度为目的，棚内温度控制在0～30℃之间最好，晴好天气要防止棚内温度过高，当温度达30℃时，要打开棚上的通风口（天窗）进行通风降温，低温阴雨天气要注意保温，防止温度过低不利萌芽。萌芽后，棚内温度不要高于32℃，也不要低于15℃，要根据天气情况，通过开闭天窗和起放围膜来调节棚内温度，防止新梢因棚内温度过高烧叶，或过低出现冻害。4月份后，气温稳定在18℃以上时，去除侧面围膜。5月后，气温在20℃以上时，去除棚头膜，改成避雨栽培。6～10月要开启天窗，加强通风透光，防止棚温过高，提高棚内光照强度和昼夜温差，有利积累营养物质。11月后要围上侧膜和棚头膜保温，白天棚内温度保持在25℃左右，夜晚15℃左右，保持较高的昼夜温差，有利于葡萄营养物质积累和提高品质。12月采收后，去除侧膜和棚头膜，收起棚膜，通过低温刺激促进休眠，完成一年的生产。

(4) 施肥

一年二次结果，树体营养消耗量大，要适当增加施肥量，全年施1次基肥，进行5次追肥。

二次果采收后（12月下旬），进行深翻开沟施基肥，666.7米^{2}施商品有机肥250～300千克、75～100千克钙镁磷肥，或施堆肥、厩肥、人畜禽粪尿等腐熟农家肥1000千克。

第一次追肥在一次果坐果后（5月上旬），666.7米^{2}施进口三要素复合肥20千克、尿素5千克。第二次追肥在着色前（5月下旬）追施钾肥，666.7米^{2}施硫酸钾（含量50%）20～30千克。第三次追肥在一次果采收结束前2～3天（7月上旬），666.7米^{2}施进口三要素复合肥15千克、尿素5千克，以恢复树势。第四次追肥在二次果坐果后，666.7米^{2}施进口三要素复合肥10千克、尿素5千克。第五次追肥在二次果着色前（11月中旬）追施钾肥，666.7米^{2}施硫酸钾（含量50%）15～20千克。

根外追肥，开花前后根外追肥用 0.2%磷酸二氢钾和 0.3%尿素溶液各喷施 1 次。在果实生长期根外追肥用含钾钙为主的液肥喷施 2～3 次。微量元素肥料根外喷施，可结合喷药或根外追肥进行喷施 2～3 次。

（5）水分管理

大棚栽培，园内土壤比较干燥，要注意浇水保持湿润。萌芽前、发芽、果实膨大期需水较多，垄畦沟可保持浅水层，让土壤渗透。开花期需水较多，开花前适当供水，但不能过湿，以防灰霉病、穗轴褐腐病，浆果成熟期控制灌水。

（6）中耕除草

生长季结合追肥，重点做好 3 次浅中耕，春夏秋各中耕 1 次，中耕配合覆土，耕作深 10 厘米，果园可保持无杂草状态。除草剂 10%的草甘膦水剂一年使用 1 次，除草醚、草枯醚、2，4-D、五氯酚钠等不能使用。

（7）病虫害防治

重点防治的病害有灰霉病、白粉病，兼治穗轴褐腐、霜霉病、房枯病、叶斑病等。虫害有红蜘蛛、绿盲蝽、金龟子等。

12 月冬剪和 8 月二次果修剪后清洁果园，清除果园杂草、杂物、枯枝、落叶等，进行深埋或烧毁。为防治各种病菌源和虫源，对地面、树体和架体喷 5 波美度石硫合剂，或 45%晶体石硫合剂 30～50 倍，或 1∶0.5∶100 波尔多液或其他铜制剂。

2～3 叶期主要防治灰霉病、叶斑病，可用 80%必备 400 倍、5%霉能灵 800～1000 倍、21%志信高硼 1500 倍液喷雾。

花序分离期用 78%科博 600～800 倍、21%志信高硼 1500 倍液喷雾。

始花期防治灰霉病、穗轴褐枯病、白粉病、霜霉病、房枯病及红蜘蛛、绿盲蝽、金龟子等害虫，可用 10%世高 1 500～2 000倍 40%施佳乐（农利灵）1000 倍、10%歼灭 3000～4 000

倍或45%捕快1000倍液喷雾。

谢花后用80%喷克800倍、10%苯醚甲环唑2500倍、21%志信高硼1500液喷雾。

套袋前使用22.2%戴挫霉乳油1000～1200倍涮果穗或喷果穗，或用25炭特灵悬浮剂1000倍＋扑海因1000倍喷果穗，药液干后套袋，在2天内完成套袋。

上色期主要有白粉病、叶斑病、霜霉病、褐斑病、房枯病及虫害，可用25%仙生600倍、10%氯氰菊酯2000倍液（或其他杀虫剂）喷雾。

（二）葡萄设施栽培疑难问题详解

1. 葡萄设施栽培有哪些模式？

葡萄设施栽培可分为促早栽培、延迟栽培、促早兼延迟栽培、避雨栽培等模式。

（1）促早栽培

在自然低温或人为创造低温的条件下，葡萄通过自然休眠后，提供适宜的生长条件，使葡萄比露地提早萌芽、生长、发育，提早浆果成熟，这就是促早栽培。促早是指比露地栽培果实成熟期早，促早栽培使葡萄提早成熟上市，实现淡季供应，价格提高，经济效益增加。

根据催芽开始期和所采用设施的不同，通常将促早栽培分为冬暖式促早栽培、春暖式促早栽培和利用二次结果特性的秋季促早栽培3种模式。促早栽培模式主要在辽宁、山东、河北、宁夏、广西、北京、内蒙古、新疆、陕西、山西、甘肃和江苏等地应用，分布范围广，栽培技术较为成功，也是葡萄设施栽培的主要方向。促早栽培葡萄一般2月上旬萌芽，3月初至4月上旬开花，5月下旬至6月上旬采收上市。

(2) 延迟栽培

延迟栽培也叫延后栽培。所谓延迟栽培是通过选用晚熟品种和抑制葡萄生长的手段，使葡萄浆果推迟生长，使果实成熟期比露地栽培，实现果实在晚秋或初冬上市，提高经济效益。延迟栽培模式主要集中在甘肃、河北、辽宁、江苏、内蒙古、青海和西藏等地。如果选择生长结果正常的晚熟葡萄品种，生长后期扣棚，可使采收期延后 1 个月。

(3) 促早兼延迟栽培

促早兼延迟栽培是指在日光温室内，利用葡萄具有一年多次结果习性，实行即有提前成熟的果实，又延后成熟的果实，一年两熟的栽培模式，生产上进行的较少。葡萄也不是所有品种都能一年多次结果，进行促早兼延迟栽培必须选用具有一年多次结果习性，且结果良好的品种。

(4) 避雨栽培

避雨栽培是一种防雨的保护栽培模式，利用避雨棚减少因雨水过多带来的一系列栽培问题，以提高果实品种、扩大栽培区域和品种适应性为主要目的，是介于温室栽培和露地栽培之间的一种模式。避雨栽培适合于长江流域春季梅雨地区和我国北方 7～8 月葡萄成熟期多雨的地区。尤其对于凤凰 51、乍娜、玫瑰香、里查马特等品种设置避雨设施，可以减少病果和裂果，取得优质高产。目前主要集中在江南以南的湖南、江苏、广西、上海、湖北、浙江、福建等夏季雨水较多的地区。北方地区的一些地方避雨栽培也有发展。

2. 葡萄设施栽培需要什么设施?

设施栽培的设施，是指采用各种材料建造成为有一定空间结构，又有较好的采光、保温和增温效果或能防御不良气候环境的设备。在我国北方它适于常规季节内无法进行露地生产的情况下，进行“超时令”或“反季节”葡萄生产，使果实提前或延后成熟。在我国北方广大的地区，冬季气温在0℃以下，有的地区在－20～－50℃，果树露地根本不能进行正常的生长发育，而采用设施栽培，能够创造改善生长发育的条件，进行正常的生长。南方主要是防雨。

栽培的设施主要有塑料大棚、日光温室、防雨棚等。北方促早栽培收获期正值北方寒冷冬季，因此对设施有严格的要求，不是任何设施都能进行的。在北方宜采用高效节能日光温室，以及有保温设施的塑料大棚，在冬季基本不加温的情况下，使葡萄正常生长结果。而在长江流域进行葡萄促早栽培，宜采用塑料大棚，有条件的可增加保温幕。

延迟栽培的设施根据栽培地区入冬后气温降温程度和市场需求状况确定设施类型。由于大棚保温御寒效果弱于温室，因此在初冬降温较慢、气温较高和要求延迟采收时间不长的地方，多以大棚延迟栽培为主；在后期降温较快和需要采收时间较长的地区则以温室栽培为主。

避雨栽培采用避雨棚，其设施结构类似离地的拱棚，拱形的避雨棚可利用立柱上的横担设拱架扣棚，也可以将事先焊接好的棚架固定在立柱上端，它的投资也较少，架面仍可以通风，不需要特殊管理，还可以适当减少喷药次数，浆果可提前成熟7～10天。

3. 怎么调控设施内的土壤？

设施内土壤变化最终影响葡萄的生长发育，不良的变化结果需要进行调控，以保证葡萄的可持续生产。土壤的调控主要是改良土壤，培肥地力，以改善其理化性状，创造葡萄根系生长的良好环境，防止土壤酸化、盐化及营养元素的失衡。主要有以下措施。

（1）加强土壤管理

土壤管理搞得好，可以促进葡萄根系生长，提高根的吸收能力，协调土壤与根系的关系。具体方法参考土壤管理的有关内容。

（2）增施有机肥

有机肥含有葡萄需要的各种营养元素，且释放缓慢，不会使土壤溶液浓度过高或发生元素过剩。有机肥中还含有大量的微生物，微生物能促使被土壤固定的营养元素释放出来，增加有效成分的浓度。有机肥能改良土壤。但含氮有机肥的施用量要适中。

（3）合理施用化肥

氮素化肥一次施用量要适中，追肥应"少量多次"。施后浇水，降低土壤溶液浓度。定期测定土壤中各种元素的有效浓度和果树营养状况，进行配方施肥，搭配施肥，不宜过多施含硫和氯的化肥。

根据物候期、肥料种类、土壤类型等确定施肥期、施肥量和施肥方法。

（4）改造不良土壤

对已发生酸化的土壤，应采取淹水法洗酸、洗盐或撒施生石灰中和酸性。已发生酸化的土壤，不再使用生理酸性肥。当温室连续多年栽培后，土壤盐化、酸化较严重时，就要及时更换耕作层熟土，把肥沃的土壤换进温室。

4. 怎么增加设施内的光照？

设施内光照的调节控制包括减少光照和增加光照。北方设施生产主要在秋季、冬季和早春进行，这段时间里太阳光照在全年当中最弱。所以，设施光照的调控主要是增加光照。增加光照主要从两个方面着手，一是改进设施的结构与管理技术，增加自然光的透入；二是人工补光。在生产上，增加光照可以考虑以下措施。

(1) 选择优型设施和优质塑料薄膜

调节好设施屋面的角度，尽量缩小太阳光线的入射角度。选用强度较大的材料，适当简化建筑结构，以减少骨架遮光。选用透光率高的薄膜，如无滴薄膜、抗老化膜等。

(2) 适时揭放保温覆盖设备

保温覆盖设备早揭晚放，可以延长光照时数。揭开时间，以揭开后棚室内不降温为原则，通常在日出1小时左右早晨阳光洒满整个屋前面时揭开，揭开后如果薄膜出现白霜，表明揭开时间偏早；覆盖时间，要求温室内有较高的温度，以保证温室内夜间最低温不低于果树同时期所需要的温度为准，一般太阳落山前半小时加盖，不宜过晚，否则会使室温下降。

阴天的散射光也有增光和增温作用，一般要求揭开覆盖。下雪天宜揭开覆盖，停雪后立即扫除膜上的雪，要注意不使果树受冻害。连续二三天不揭开覆盖，一旦晴天，光照很强时，不宜立即全揭，可先隔一揭一，逐渐全揭。

(3) 清扫薄膜

每天早晨，用笤帚或用布条、旧衣物等捆绑在木杆上，将塑料薄膜自上而下地把尘土和杂物清扫干净。至少每隔两天清扫1次。这项工作虽然较费工、麻烦，但增加光照的效果是显著的。

(4) 减少薄膜水滴

消除膜上的水膜、水滴是增加光照的有效措施之一。可从选择薄膜和降低室内空气湿度两个方面考虑。选用无滴、多功能或三层复合膜。使用PVC和PE普通膜的温室应及时清除膜上的露滴。其方法可用70克明矾加40克敌克松，再加15千克水喷洒薄膜面。降低空气湿度参见设施湿度控制的有关内容。

（5）涂白和挂反光幕

在建材和墙上涂白，用铝板、铝泊或聚醋镀铝膜作反光幕，将射入温室建材和后墙上的太阳光反射到前部，反射率达80%，能增加光照25%左右。挂反光幕，后墙贮热能力下降，加大温差，有利于果实生长发育、增产增收。张挂反光幕时先在后墙、山墙的最高点横拉一细铁丝，把幅宽2米的聚醋镀铝膜上端搭在铁丝上，折过来，用透明胶纸粘住，下端卷人竹竿或细绳中。

（6）铺反光膜

在地面铺设聚醋镀铝膜，将太阳直射到地面的光，反射到植株下部和中部的叶片和果实上。铺设反光膜在果实成熟前30～40天进行。

（7）人工补光

光照弱时，需强光或加长光照时间，以及连续阴天等情况要进行人工补光。一般室内光照度下降到1000勒克斯（Lux，简称勒，lx）时，就应进行补充光照。每天以3000～4000勒克斯补光18小时，收益极大。但每天以2000～3000勒克斯补充光照24小时，收益更大。

5. 怎么调控设施内的温度?

设施温度的调控是在良好保温设施的基础上进行的保温、加温和降温三个方面的调节控制，使温度指标适应葡萄各个生长发育时期的需要。设施内的热源来自太阳光辐射，增加了光照强度就相应地增加了温度，所以增加光照强度的措施都有利于提高温度。

（1）适时揭盖保温覆盖设备

保温覆盖设备揭得过早或盖得过晚都会导致气温明显下降。冬季盖上覆盖设备后，短时间内回升2～3℃，然后非常缓慢下降。若盖后气温没有回升，而是一直下降，这说明盖晚了。揭开覆盖设备后，气温短时间内应下降1～2℃，然后回升。若揭开后气温不下降而立即升高，说明揭晚了，揭开后薄膜上出现白霜，温度很快下降，说明揭早了。揭开覆盖设备之前若室内温度明显高于临界温度，日出后可适当早揭。在极端寒冷和大风天气，要适当早盖晚揭。阴天适时揭开有利于利用散射光，同时气温也会回升，不揭时气温反而下降。生长期采用遮盖保温覆盖设备的方法进行降温是不对的，因为影响光合作用。

葡萄休眠期为了创造低温条件，应该保住低温，夜间通风降温，白天盖上保温覆盖设备，防止升温。

（2）设置防寒沟

在温室前沿外侧和东西两头的山墙外侧，挖宽30厘米、深40～50厘米的沟，沟内填入稻壳、锯末、树叶、杂草等保温材料或马粪酿热增温，经踩实后表面盖一层薄土封闭沟表面。阻止室内地中热量横向流出，阻隔外部土壤低温向室内传导，减少热损失。大棚可在周围挖防寒沟。

（3）增施有机肥，埋入酿热物

有机肥和马粪等酿热物在腐烂分解过程中，放出热量，有利于提高地温。同时，放出的CO_2对光合作用有利。

（4）地膜覆盖，控制湿度

地面覆盖地膜，对土壤有保温保湿的作用，一般可提高地温1～3℃，减少土壤蒸发，增加白天土壤贮藏的热量，地膜也增加近地光照。覆盖地膜，地面不过湿，有利于温度提高。降温可浇水、喷水。

（5）把好出入口

冬季设施门口很容易进风，使温室近口处温度降低，温变剧烈，影响果树的生长。所以要把好出入口，减少缝隙放热。进入口不管是按门，还是挂门帘，都要封严；保温后减少出入次数。一进门还可挂一挡风物，以缓冲开门时的冷风，保护近

门口处的植株，挡风物可用薄膜。降低温度时，可以把门敞开。

（6）适时放风

设施多用自然通风来控制气温的升高。只开上放风口，排湿降温效果较差；只开下放风口，降温作用更小；上下放风口同时开放时，加强了对流，降温排湿效果最为明显。放风时，通风量要逐渐增大，不可使气温忽高忽低，变化剧烈。换气时尽量使设施内空气流速均匀，避免室外冷空气直接吹到植株上。

放风要根据季节、天气、设施内环境和果树状况来掌握。以放风前后室内稳定在果树适宜温度为原则，冬季、早春通风要在外界气温较高时进行，不宜放早风，而且要严格控制开启通风口的大小和通风时间。放风早，时间长，开启通风口大，都可引起气温急剧下降。进入深冬重点是保温，必要时只在中午打开上放风口排除湿气和废气，并适时而止。放风时间，2月份以前为10～14时，以后随着室内温度的升高，放风时间逐渐延长。每天当温度达到25℃时即开始放风，降至22℃时关闭放风口。若室内温度在27℃以上持续高温，要加大通风量。

（7）必要时加温

室内温度低，不适宜葡萄生长，特别是在关键时刻或有遭受低温危害的危险，则需人工加温。如保温前期夜间气温过低、地温上升缓慢，花期连阴天影响坐果等时间就需人工加温。加温方法有炉火加温、电热线加温、热风炉加温、地下热交换加温、地下温泉水供热等。

6. 怎么调控设施内的湿度？

设施内湿度的调节控制包括增加土壤湿度、降低土壤湿度和增加空气湿度、降低空气湿度，应从以下几方面着手。

(1) 浇水

灌溉增加土壤水分，同时空气湿度也增加。如果降低土壤含水量和空气湿度，要控制浇水，阴雨天不浇水。控制浇水可减少土壤蒸发和果树蒸腾，从而降低空气湿度。

(2) 喷水

植株喷水，空中喷雾可增加空气湿度。使薄膜表面的凝结水流向室外可降低空气湿度。

(3) 地面覆盖

覆盖地膜或无纺布等，改进灌水方法，采用地膜下滴灌，利于土壤水分的保持，控制土壤水分蒸发，降低空气湿度。

(4) 放风

要保持空气湿度，减少空气流动带走水蒸气，需控制放风。降低空气湿度时，在保温的前提下，要适时放风排湿，特别是灌水后更要注意放风。

(5) 调控温度

适当提高室内温度，可以降低空气相对湿度。相反，室内温度低，则空气相对湿度大。室内设天幕进行保温，既能降低相对湿度，同时又避免水滴危害。

(6) 吸水降湿

室内畦间或垄上放置麦草、稻草、活性白土等吸湿物质，待吸足水分后及时取走，再换新的，可降低空气湿度。

(7) 中耕松土

地面无覆盖时，灌水后适时中耕松土，可以减少水分蒸发，保持土壤水分，降低空气湿度。

7. 怎么调控设施内的二氧化碳?

设施内气体的调节控制主要指二氧化碳的调控和防止有害气体产生。二氧化碳的调控，主要指人工方法来补充二氧化碳

供果树吸收利用，通常称为二氧化碳施肥。

（1）二氧化碳施肥的时间

从理论上讲，二氧化碳施肥应在果树光合作用最旺盛、产品形成期光照最强烈时进行。例如在初花期，施入多元素固体颗粒肥，可连续释放二氧化碳 40 天左右。

在能够控制用量的情况下，一天中一般日出后半小时左右施用。具体时间一般为：11 月至 1 月为 9 时，1 月下旬至 2 月下旬为 8 时，3 月至 4 月为 6 时半至 7 时。当需要通风降温时，应在放风前半小时至 1 小时停止施用。遇寒流、阴雨天、多云天气，因气温低、光照弱、光合作用低，一般不施用或使用浓度低。不同物候期和长势叶光合能力不同，需二氧化碳量亦不同，在叶幕形成后和旺盛生长期、产量形成和养分积累期需二氧化碳量大。

（2）二氧化碳施肥的浓度

二氧化碳浓度不能过高，浓度过高时，不仅费用增多，而且还会造成果树二氧化碳中毒。在高浓度二氧化碳室中，植株的气孔开启较小，蒸腾作用减弱，叶内的热量不能及时散放出去，体内温度过高，容易导致叶片萎蔫、黄化和落叶。此外，二氧化碳浓度过高时还会因叶片内淀粉积累过多，使叶绿素遭到损害，反过来抑制光合作用。二氧化碳浓度过高时，注意放风，进行调节。

（3）二氧化碳施肥的方法

①施有机肥。在我国目前的条件下，补充二氧化碳比较现实的方法是在土壤中增施有机肥，一吨有机物最终能释放出 1.5 吨二氧化碳。在酿热温床中施入大量有机物肥料，在密闭条件下二氧化碳浓度往往较高，当发热达到最高值时，二氧化碳浓度为大气中二氧化碳浓度的 100 倍以上。

②设施内、外设置反应堆。设施外设置反应堆提供二氧化碳的方法是：秋季在棚外把有机肥堆积用塑料薄膜覆盖，再用

塑料管与温室相通，利用有机质腐烂分解产生的二氧化碳供应设施。

设施内设置反应堆提供二氧化碳，一般是11月份在树行下，从树干两边分别起土至树冠外缘下方，靠近树干起土，深10厘米，越往外越深，到树冠外缘下方深度为20厘米。将所起土分放在四周，形成埂畦式造型。然后在畦内铺放秸秆，厚度30～40厘米，秸秆在畦四周应露出来10厘米的茬头，填完秸秆后，再将处理好的菌种，按每棵用量均匀撒在秸秆上面。撒完菌种用锨拍振一遍，进行回填覆土，厚度8～10厘米。待大棚盖膜提温前10天左右，浇一次大水湿透秸秆，晾晒3天后，盖地膜，打孔，在膜上用12＃钢筋按行距40厘米，孔距20厘米打孔，孔深以穿透秸秆为准。设施果树内置反应堆一般每667米^{2}需秸秆3000～5000千克，菌种8～10千克，疫苗4～5千克。肥料、反应堆在发酵过程中会产生甲烷、氨、硫化氢等有毒气体，应注意通风排出。

另一种方法是在植株间挖深30厘米、宽30～40厘米、长100厘米左右的沟，沟底及四周铺设薄膜，将人粪尿、干鲜杂草、树叶、畜禽粪便等填入，加水使其自然腐烂，可产生较多二氧化碳，持续发生15～20天。

原理知道了，具体方法可根据当地实际情况掌握。

③施用固体二氧化碳。一是施用固态二氧化碳。气态的二氧化碳在－85℃低温下变为固态，称为干冰，呈粉末状。在常温常压下干冰变为二氧化碳气体，1千克干冰可以生成0.5米^{3}的二氧化碳。使用干冰，操作方便，方法简单，用量易控，效果快而好。但成本高，需冷冻设备，贮运不方便，对人体也易产生低温危害。

二是施用二氧化碳颗粒肥料。二氧化碳颗粒肥，物理性能良好，化学性质和施入土壤后稳定，在理化及生化等综合作用下，可连续产生气体，一次使用可连续40天以上，不断释放二

氧化碳气体，而且释放气体的浓度随光照、温度强弱自动调节。肥料颗粒一般为不规则圆球形，直径0.5～1.0厘米。每667米^{2}用量40～50千克。沟施时沟深2～3厘米，均匀撒入颗粒，覆土1厘米。穴施时穴深3厘米左右，每穴施入20～30粒，覆土1厘米。也可垄面撒施，在作物根部附近，均匀撒施，遇潮湿土壤慢慢释放二氧化碳气体。施肥时勿撒人作物叶、花、根上，以防烧伤，施肥后要保持土壤湿润，疏松，利于二氧化碳释放。

④施用液态二氧化碳。液态二氧化碳是用酒厂的副产品二氧化碳加压灌人钢瓶而制成。现在市场销售的每瓶净重35千克，在667米^{2}面积上可使用25天左右。使用时，把钢瓶放在温室内，在减压阀口上安装直径1厘米的塑料管，管上每隔1～3米左右，用细铁丝烙成一个直径2毫米的放气孔，近钢瓶处孔小些、稀些，远处密些、大些。把塑料管固定在离棚顶30厘米的高度，用气时开阀门。钢瓶出口压力保持在1.0～1.2千克/(厘米)^2，每天放气6～12分钟。此法操作简便，浓度易控制，二氧化碳扩散均匀，经济实用，但必须有货源，做好二氧化碳的及时供应，一般二氧化碳纯度要求在99%以上。

8. 怎么消除设施内的有毒气体？

影响果树生长发育的气体除二氧化碳外，设施内还常有有毒气体。有毒气体不但毒害果树，也会影响人体，必须及时预防和消除。

（1）预防氨气和二氧化氮气体危害

①正确使用有机肥。有机肥需经充分腐熟后施用，磷肥可以混入有机肥中，增加土壤对氨气的吸收。施肥量要适中，667米^{2}一次施肥不宜超过10米^3。有机肥宜作底肥和基肥，与土壤拌匀，施后覆土，浇水。利用有机肥产生二氧化碳，要注意预防有害气体，及时通风。

②正确使用氮素化肥。不使用碳酸氢铵等挥发性强的肥料。

施肥量要适中，每667米^{2}一次不宜超过25千克。提倡土壤施肥，不允许地面撒施。如果地面施肥必须先把肥料溶于水中，然后随浇水施入。追施肥后及时浇水，使氨气和二氧化氮更多地溶于水中，减少散发量。

③覆盖地膜。覆盖地膜可以减少气体的散放量。

④加大通风量。施肥后适当加大放风量，尤其是当发觉温室内较浓的氨味时，要立即放风。

⑤经常检测温室内的水滴的pH。检测设施内是否有氨气和二氧化氮气体产生，可在早晨放风前用pH试纸测试膜上水滴的酸碱度，平时水滴呈中性。如果pH偏高，则偏碱性，表明室内有氨气积累，要及时放风换气。如果pH偏低，表明室内二氧化氮气体浓度偏高，土壤呈酸性，要及时放风，同时每666.7米^{2}施入100千克左右的石灰提高土壤的pH。

(2) 预防一氧化碳和二氧化硫气体危害

①温室燃烧加温用含硫量低的燃料，不选用不易完全燃烧的燃料。

②燃烧加温用炉具，要封闭严密，不使漏气，要经常检查。燃烧要完全。

③发觉有刺激性气味时，要立即通风换气，排出有毒气体。

(3) 预防塑料制品产生的气体

①选用无毒的温室专用膜和不含增塑剂的塑料制品，尽量少用或不用聚氯乙烯薄膜和制品。

②尽量少用或不用塑料管材、筐、架等，并且用完后及时带出室外，不能在室内长时间堆放，短期使用时，也不要放在高温以及强光照射的地方。

③室内经常通风排除异味。

9. 葡萄促早栽培是不是越早越好?

这里说的早是指葡萄早发芽，进而早开花、早结果、早成

熟。从生产的角度看，越早越好，早成熟可以早供应鲜果市场，获得更大的经济效益。但从葡萄的生物学特性看，最早也必须通过自然休眠后才能在适宜的条件下萌芽。休眠是葡萄的一个特性，只有通过休眠葡萄才能正常萌芽，休眠没完成或不完全时，即使给予适宜的条件，植株也不萌芽，即使萌芽，时间也延迟且萌芽不整齐，甚至影响开花、坐果。

葡萄从落叶到来年树液开始流动（伤流）以前为休眠期，我国北方约有 4 个月之久。一般认为落叶是植株进入休眠的标志，但实际上，冬芽在新梢成熟过程中，即由下而上进入休眠状态。休眠期地上部已完全停止生长，植株在外部形态上没有明显变化，但内部仍进行着微弱的生命活动。通过休眠需要一定时间和一定程度的低温条件。休眠分为自然休眠和被迫休眠。经过一定时间的低温通过的休眠，叫自然休眠，设施栽培中说的休眠就是自然休眠。欧亚种品种，一般认为在 7.2℃以下，约经 2～3 个月左右可渡过休眠。通过自然休眠之后，条件不适合萌芽，植株则进入被迫休眠。露地栽培自然休眠通过后一般进入被迫休眠，等待春天条件适宜时萌芽。促早栽培就是利用这个节点，自然休眠通过后马上提供适宜条件使其萌芽。所以促早栽培只能在自然休眠通过的基础上尽早进行。

10. 怎么知道葡萄是否通过了休眠？

葡萄通过了休眠才能开始施加促早栽培措施。葡萄什么时候、多长时间通过休眠，这要做试验，作为生产者可以自己做，简捷的办法是查资料，借鉴他人的试验结果。

通过自然休眠需要的一定时间、一定程度的低温条件，叫做需冷量。需冷量用一定程度低温的小时数表示。不同品种需冷量不一样，也就是需要一定程度低温条件的时间不一样。

需冷量有个什么标准，怎样计算呢？需冷量一般以芽需要的低温量表示，即芽在 0～7.2℃范围内通过休眠需要的小时数，称为0～7.2℃模型。需冷量也可用7.2℃模型、0～9.8℃模型、犹他（Utah）模型计算。犹他模型指自然休眠结束时积累的冷温单位（Chillunit，C.U），2.5～9.1℃为打破休眠最低温度范围，此温度下1小时计为1C.U；1.5～2.5℃及9.2～12.4℃的低温范围有半有效作用，1小时计0.5C.U；低于1.4℃或12.5～15.9℃为无效温度；16～18℃低温效应部分被解除，该温度范围内1小时相当于－0.5C.U；18℃度以上低温效应全被解除，该温度范围内1小时相当于－1C.U。

葡萄常用品种的需冷量值分布较广，若以0～7.2℃模型作为需冷量估算模型，则介于573～971小时之间；若以≤7.2℃模型作为需冷量估算模型，则介于573～1246小时之间；若以犹它模型作为需冷量估算模型，则介于917～1090 C.U之间（表6-4）。

表6-4 葡萄品种不同需冷量估算模型估算的需冷量

品种（品种群）	0～7.2℃模型（小时）	≤7.2℃模型（小时）	犹它模型（C.U）
87－1（欧亚）	573	573	917
红香妃（欧亚）	573	573	917
京秀（欧亚）	645	645	985
8612（欧美）	717	717	1046
奥迪亚无（欧亚）	717	717	1046
红地球（欧亚）	762	762	1036
火焰无核（欧亚）	781	1030	877
巨玫瑰（欧美）	804	1102	926
红双味（欧美）	857	861	1090
凤凰51（欧亚）	971	1005	1090
火星无核（欧美）	971	1005	1090
布朗无核（欧美）	573	573	917

（续）

品种（品种群）	0～7.2℃模型（小时）	≤7.2℃模型（小时）	犹它模型（C.U）
莎巴珍珠（欧亚）	573	573	917
香妃（欧亚）	645	645	985
奥古斯特（欧亚）	717	717	1046
藤稔（欧美）	756	958	859
矢富萝莎（欧亚）	781	1030	877
红旗特早玫瑰（欧亚）	804	1102	926
巨峰（欧美）	844	1246	953
夏黑无核（欧美）	857	861	1090
优无核（欧亚）	971	1005	1090
无核早红（欧美）	971	1005	1090

现有资料如果不加说明，需冷量一般用的是0～7.2℃模型。

11. 葡萄促早栽培如何确定升温时间？

葡萄促早栽培升温日期由设施保温能力、休眠期长短、果实发育天数、果实成熟期决定。设施保温能力不够，其他条件合适也白搭。休眠期长短是关键，促早栽培必须在植株休眠完成后开始。果实发育天数主要由品种特性决定。这样，要想及早上市，就得选择果实发育天数少、休眠期短的品种，创造适宜休眠的条件尽快完成后休眠后马上升温。所以，一般情况下，品种休眠期是升温时间的限制因素，设施保温条件达到的情况下，完成休眠的时间就是葡萄促早栽培的升温时间。如果想打时间差，使葡萄在一个较晚的时间成熟，那就根据果实成熟期和果实发育天数向前推算，确定升温时间。

实际操作时，从设施内温度稳定在0～7.2℃的那一天算起，一天按24小时计算，满足需冷量就可以升温。例如，巨峰的需冷量为844小时，折合35天，在山东潍坊日光温室促早栽培，11月中旬加盖聚氯乙烯塑料薄膜，安放草苫，白天放下草苫，关闭通风口，使室内密闭不见光；夜间将草苫揭开，并打开通风口，使室内昼夜温度保持在7℃以下，12月20日左右就可以开始保温。11月中旬到12月上旬，即开始升温前15～30天涂抹石灰氮澄清液或悬浊液，以促进解除休眠。

12. 哪些地方适宜进行葡萄延迟栽培?

延迟栽培是具有我国特色的一种葡萄设施栽培新形式，与促早栽培恰恰相反，它以生长后期覆盖防寒，尽量推迟和延长葡萄果实生长期为目的，延迟葡萄的成熟和采收时间，从而在隆冬季节采收新鲜葡萄供应市场，用延迟采收代替保鲜贮藏，形成良好的经济效益和社会效益。

在我国，从目前的情况看，年平均温度4～8℃、冬春季日照充沛、无暴风雪，而且有良好灌溉条件的地区，最适合开展葡萄延迟栽培。而在西部一些冬季日照充沛，年均温度4℃左右的高原地区，只要有可靠的水源和蓄水条件以及市场需求，在加强设施防寒的条件下也可以进行葡萄设施延迟栽培。在南方和华中地区，年平均温度较高，葡萄成熟较早，一般不宜利用晚熟品种一次果进行大面积设施延迟栽培，这些地区延长市场供应可采用利用二次结果的方法来解决，设施延迟栽培也宜采用利用二次结果的方法。

延迟栽培主要采用大棚和日光温室，根据一个地区入冬以后气温降温状况和计划采收时间，即可确定应该采用的设施类型。由于大棚保温御寒效果明显弱于温室，因此在初冬降温较慢、气温较高和要求延迟采收时间不太长的地方，多用大棚延迟栽培。而在海拔较高、年平均温度较低、后期降温较快和需要延迟采收时间较长的地方，多以日光温室延迟栽培为主，或大棚加盖覆盖材料。

13. 葡萄延迟栽培的原理是什么?

葡萄延迟栽培主要是利用晚熟品种果实成熟晚，以及有些品种可以一年多次结果的特性，采取相应措施使晚熟品种果实成熟更晚，或促使葡萄冬芽或者夏芽萌发并形成花序，以达到果实在常规季节之后成熟的目的。延迟栽培根据果实的茬次可分为一次果延迟与多次果延迟两种类型。

(1) 利用晚熟品种的一次果进行延迟栽培

在无霜期较短的地区栽培生育期较长的晚熟或极晚熟品种，利用设施的保护来避开早霜低温等逆境条件完成果实后期的发育成熟过程，并可利用当时的低温“挂树贮藏”延迟采收。一般情况下，果实可延迟到元旦前采收上市。延迟采收是利用一次果可以挂在树上“鲜贮”，比冷库保鲜剂贮藏在果实外观和品质均优的特点，增加了果实的商品价值，从而获得较高的经济效益。

我国北方无霜期在150天以下地区栽培红地球、秋黑等晚熟品种，通过生长后期覆盖防寒，使葡萄完成从萌芽到果实成熟的全部生长发育阶段，使果实在元旦前后采收，不但延长了葡萄鲜果的供应期，还可以使果实充分成熟。因此，延迟栽培在我国北部寒冷地区具有很大的发展潜力。

(2) 利用多次结果的特性进行延迟栽培

葡萄的花芽分为冬花芽和夏花芽，具有在一年中多次分化的生理特性，这是保证葡萄以一年多次结实形式延迟果实采收期的基础。

冬芽的分化始于主梢开花始期，分化的顺序从新梢下部冬芽开始，自下而上逐渐进入分化期，但基部1～3节冬芽的分化稍迟。花后2周第一花序原基形成。根据黄辉白在玫瑰香品种上的研究结果，花后15天，所有冬芽上第一花序原基形成，同时部分冬芽形成第二花序原基；花后70天，绝大多数冬芽形成第二花序原基。新梢摘心措施能促进花芽分化的进程，并在较短时期内形成花序原基。冬芽在形成当年一般不萌发，但在受到刺激（如病虫害、干旱、修剪等）的情况下，会加快分化进程，萌发形成冬芽二次枝并开花结果。开花前，当果枝长出10～15片叶时进行摘心，抑制主梢生长，并暂时保留摘心口下的2个夏芽副梢，延缓主梢上的冬芽萌发，促进花序分化，其余副梢一律抹去。待暂时保留下来的副梢半木质化后，再从基部剪去，刺激主梢上的冬芽萌发结二次果。一般主梢摘心口下的第一个冬芽结实力较弱，通常都用第二、第三个结实力较强的冬芽。从主梢摘心至诱使冬芽带出花序，应在20～30天内为宜，以免影响二次果的成熟。

夏芽具有早熟性，一般在展叶后20天内即可成熟并萌发成夏芽副梢，在摘心等措施的诱导下，能很快形成花芽。由于在年生长周期内，夏芽副梢可以多次萌发，因此，可以多次开花结果，形成二次果、三次果等。利用多次果都比一次果成熟期相对晚的特点，在生长期大于180天的地区，可进行二次以上葡萄果实生产，或不留一次果，只用多次果进行延迟栽培，果实成熟采收时期的调节幅度较大。一般是选择夏芽结实力强的品种，如玫瑰香、巨峰等植株上生长健壮的新梢，开花前，在夏芽未萌发的第二、第三节上将主梢剪截，促发副梢，使其带穗。如不带穗，在副梢上留二三片叶再进行剪截，直至有花序出现为止。

据南京农业大学房经贵等研究，巨峰葡萄在植株负载量基本一致的情况下，二次果的品质并不逊色于一次果。但如果不加以控制负载量，试图一次果与二次果全丰收，则易导致二次果穗重、果粒重偏低，果实口味偏酸的现象。另外，要获得优质二次果，目的不同则可适当采用相应模式，如果要延长供应期，可以保留一、二次果，同时对一、二次果进行疏果穗处理，

合理控制负载量；如果是延迟供应期，或在某些地区要避开花期多雨、低温等不利因素，则可采用疏除一次果，仅留二次果的方式。

14. 葡萄延迟栽培的关键技术有哪些？

(1) 多次果催芽技术

多次果进行延迟栽培主要是利用促萌夏芽或冬芽进行结果枝的培养。

①夏芽副梢结果。主要是选择夏芽结实力强的品种，如玫瑰香、巨峰等植株上生长健壮的新梢，开花前，在夏芽未萌发的第二、第三节上将主梢剪截，促发副梢，使其带穗。如不带穗，在副梢上留二三片叶再进行剪截，直至有花序出现为止。

②冬芽当年萌发结果。主要是在开花前，当果枝长出10～15片叶时进行摘心，抑制主梢生长，并暂时保留摘心口下的2个夏芽副梢，延缓主梢上的冬芽萌发，促进花序分化，其余副梢一律抹去。待暂时保留下来的副梢半木质化后，再从基部剪去，刺激主梢上的冬芽萌发结二次果。一般主梢摘心口下的第一个冬芽结实力较弱，通常都用第二、第三个结实力较强的冬芽。从主梢摘心至诱使冬芽带出花序，应在20～30天内为宜，以免影响二次果的成熟。

③催芽时期的确定。在延迟栽培模式中，葡萄新梢的管理、修剪时期和节位等对冬芽和夏芽中花序分化程度有直接影响。而催芽时期的确定是延迟栽培成功与否的关键。根据当地的气候条件，确定二茬果的成熟时期之后，根据品种的总生长日数做逆行推算，所算得的日期即为二茬果的催芽时期。吕智敏等在设施条件下，分别选择6月15日、6月30日、7月5日和7月15日进行新梢成熟部位修剪，促发冬芽副梢并形成二次果，使其成熟期延迟到元旦。辽宁省果树科学研究所经过多年巨峰葡萄延迟栽培试验表明，根据年份之间的气候变化，在7月10

日至8月10日之间进行催芽，促使冬芽萌发，使其成熟期延迟到春节前。

(2) 多次果“挂树贮藏”延迟采收技术

多次果成熟后，一般可不立即采收，而是利用当时的自然低温条件，合理地调控大棚或温室内的温度，让果穗继续留在树上“挂贮”，根据元旦到春节之间的市场行情来有计划地安排上市，以求效益的最大化。但这种延迟采收并不是无限度的，要根据树体叶片的老化程度来决定采收的时期。当叶片大部分已经黄化，就有可能造成果实养分回流，导致果实变软品质下降，因此要及时采收。而且过度延迟会造成过熟落粒，而且还有突然遭到低温袭击的危险。一般这种方式至少可以延迟采收30天。

(3) 环境条件调控技术

晚熟品种一次果延迟栽培管理的关键是前期要尽量延迟萌芽、开花，推延前期生长发育，相应的使果实成熟期延后，达到延迟采收的目的。主要是提高调控温度来实现。

①利用自然低温。选择温度较低、海拔较高的地方，以延迟发芽、延迟开花，发育进程相应拖后，从而延迟果实成熟。

②人工创造低温。温室葡萄早春覆盖草苫遮阴，并且添加冰块或开启制冷设备降温，可显著延缓葡萄花期，花期延缓时间与温室保持低温时间长短有关。尤其是在东北地区，春天气候回暖的比较晚，我们可以考虑在遮盖草苫或保温被的温室里，在行间放置大量的冰块（可以在三九天里冻冰块，储存起来备用），以这种办法对优质晚熟品种第一茬果进行延迟栽培，将会大大提高鲜果品质和售价。

另外，植株冷藏延迟栽培技术，在我国已在草莓和桃树上应用，其原理是将成花良好的植株进行冷库冷藏，按计划出库定植，从而自由地调整收获期，实现鲜果的周年供应。这种办

法多是用于盆栽，在葡萄上有待于进一步的实践探索。

③生长季调温。在延迟栽培的生长季中，尤其是7～8月份，采用遮阳网降低温度和光照强度，控制葡萄的生长速度，延缓果实成熟过程，促进果实延迟成熟。秋后采用灌水降温等措施延缓推迟葡萄果实的生长发育。

延迟栽培扣棚覆膜后，要注意调控温度和湿度，扣棚初期到10月中旬这一阶段，白天可适当放风使温室内温度和湿度不要太高，而到10月中下旬，随着外界温度降低，一定要注意防寒保温，一般这一阶段白天温度应该保持在20～25℃，晚间应维持在7～10℃之间，空气相对湿度应保持在70％～80％之间。而到12月中下旬至元月份，就更要注意加强防寒保温，白天温度保持在20℃左右，晚间在8℃左右，最低也不应低于5℃。

(4) 使用植物生长调节剂技术

延迟葡萄果实成熟较好的生长延缓剂是ATOA（2-苯并唑噻氧基乙酸）。幼果果实生长到开始成熟时，在果穗上喷布1～2次10～15毫克/千克浓度的ATOA药液能明显延迟果实成熟，但应该注意的是药液浓度不能高于20毫克/千克，否则会产生药害，另外葡萄叶片对该药较为敏感，喷药时千万注意不要将药液喷布到叶片上。

同时在葡萄上色后，喷布50～100毫克/升的萘乙酸和1～2毫克/升的赤霉素混合溶液，也能明显延迟葡萄的成熟过程，并防止成熟后的果粒脱落。

(5) 果实套袋技术

果实套袋是延迟栽培中必须采用的一项技术措施，在高海拔地区它不仅能延迟果实的成熟，而且能防止高原地区紫外线过强、果实上色过深，这对于一些鲜红色品种，如红地球等就更为重要。

(6) 病虫害防控技术

多次果催芽后的花期大多集中在夏季，恰好是高温多雨季节，花穗极易发生霜霉病，应尽早扣棚防病。因此，在多次果的催芽并萌芽以后要及时扣棚，尤其是在花期前必须扣上，保护花穗免受霉菌的侵染，并要及时喷药，保护好新梢与果穗。否则，一旦花穗染病将很难控制，在果实着色后，由于外界气候的变化，棚室内昼夜温差较大，果穗表面易结露，出现小水滴，从而受灰霉病菌的侵染，应加强防治。果实着色之前在放风口加防鸟网，防治鸟类进棚啄食果实。

（7）叶片保护技术

在延迟栽培过程中，葡萄叶片的衰老限制了其光合作用及营养的积累，从而影响果实的品质及挂果时间。在葡萄生长后期喷施保叶剂有延缓叶片衰老的作用。谭瑶等研究表明，在葡萄延迟栽培措施中，对树体喷施外源赤霉素150毫克/升处理的，能够有效控制叶绿素和蛋白质的降解，延缓叶片衰老的时间，使其更好地进行光合作用，并且能够抑制POD活性的上升和MDA的积累，对于后熟的果实在养分、糖度和酸度的变化上有一定意义。因此，在延迟栽培后期要加强叶片的保护，尽量延缓叶片的黄化。

（8）覆膜保温技术

延迟栽培采用的大棚和温室结构要以后期保温为主要目的，扣棚盖膜是在当地秋季降温之前进行，一些秋后早霜降临较早的地方，更应注意适当提早扣棚盖膜，以防止突然性降温和寒潮对葡萄叶片和果实的生长和成熟带来不良的影响。棚膜选择抗低温、防老化的聚乙烯紫光膜或蓝光膜效果较好。为了增强保温效果，在外界气温降到0℃时，晚间必须加盖棉被或草帘进行保温。个别寒冷的年份，应进行温室内人工加温。

（9）采后管理技术

延迟栽培采收结束后，温室、大棚内一定要保持15天左右相对较为温暖的时间，促进枝叶养分充分回流，然后再进行修

剪和施肥。若植株要进行埋土防寒，则可在修剪埋土后再揭去覆盖的薄膜，并将薄膜清洁整理后放置在室内保存，以备第二年再用。在有些地区采用冬季温室不揭膜，葡萄在设施中越冬，在植株上只进行简单的薄膜覆盖和简易埋土防寒，这时可在修剪后及早施肥和进行冬灌。

15. 晚熟葡萄覆膜延迟采收可行吗?

葡萄晚熟品种覆膜延迟采收期应该算是比较简易的延迟栽培，主要适合在北方的晚熟葡萄品种上进行。在霜降节气前（10 月 21 日前后）利用塑料薄膜和聚乙烯无滴大棚膜进行覆盖保护，保护 25 天左右，到小雪前后采收结束。不仅能延迟葡萄采收期，还可以提高果实品质，与常规种植的葡萄相比糖度提高 2%，而且果粒颜色鲜艳，经济效益随之增加。具体做法是：

覆盖在霜降前 1～2 天进行，覆盖薄膜前选穗定产，摘除小穗、双穗，保留单穗、大穗，使 667 米^{2}产量保持在 2000～2500 千克。

覆盖薄膜前，利用篱架葡萄的石柱或水泥柱作支柱，在高出葡萄顶部叶片 10～15 厘米处（矮者用木棍补高）固定长 4 米的竹竿做横梁，在葡萄上方形成牢固的框架结构，然后在上方覆盖塑料薄膜。四周用绳索拉紧，防止大风吹翻。覆盖后昼夜不揭膜，直到小雪节气前后采收结束。覆盖期间浇 2～3 次水，保持地面潮湿。这样园内能形成一个稳定的冷凉环境，葡萄始终处于低消耗状态，能长时间保持葡萄的优良品质与风味不变。

也可以每 3～4 行葡萄为一组，利用两边行各立柱的顶端固定一拱形竹片，拱形竹片最高处距离葡萄顶端叶片 20～30 厘米，连结固定各拱形竹片后覆盖无滴膜，园四周用薄膜盖严，使整个葡萄园形成一个连体大棚。白天揭开四周薄膜通风降温，夜间放下薄膜保温，并根据墒情浇水保湿。

葡萄冬季修剪时要注意多留 10%优质枝蔓，剪后及时灌水防冻，埋土防寒，以保证连年优质丰产。

16. 通过嫁接冷藏接穗进行葡萄延迟栽培可行吗?

通过嫁接冷藏接穗进行葡萄延迟栽培也是一种行之有效的方法，以红地球为例说明。

(1) 接穗剪取

接穗剪取时最好剪取粗度为0.8～1.2厘米结果母枝的2～7节枝段。因为研究表明，红地球以0.8～1.2厘米粗的结果母枝成花最好，且其上花芽以3～6节花芽质量最好。

(2) 接穗冷藏

为保证接穗冷藏良好，接穗最好先用石蜡蜡封然后再进行冷库冷藏。这样，最长藏期可达10个月。

(3) 嫁接

嫁接时期以新梢基部老化变褐后，按照葡萄计划上市时间和葡萄果实发育期确定。嫁接部位以新梢老化部位的4～6节段之间。嫁接接穗数量单株葡萄以老化新梢的三分之一到一半的数量为宜，这样不影响第二年的葡萄产量。

其他管理技术参见延迟栽培的有关内容。

图书在版编目（CIP）数据

葡萄生产问题一语道破 / 雷世俊，王翠红，赵兰英编著. —北京：中国农业出版社，2015.8

ISBN 978-7-109-20654-0

Ⅰ.①葡… Ⅱ.①雷…②王…③赵… Ⅲ.①葡萄栽培 Ⅳ.①S663.1

中国版本图书馆 CIP 数据核字（2015）第 162122 号

中国农业出版社出版

（北京市朝阳区麦子店街 18 号楼）

（邮政编码 100125）

责任编辑　徐建华

北京通州皇家印刷厂印刷　　新华书店北京发行所发行

2015 年 9 月第 1 版　2015 年 9 月北京第 1 次印刷

开本：850mm×1168mm　1/32　　印张：8.125

字数：202 千字

定价：25.00 元